Mohanad Sami Saleh AL-Kubaisi
Inam Jasim Lafta

Técnicas moleculares para o diagnóstico de doenças parasitárias zoonóticas

Mohanad Sami Saleh AL-Kubaisi
Inam Jasim Lafta

Técnicas moleculares para o diagnóstico de doenças parasitárias zoonóticas

ScienciaScripts

Imprint

Any brand names and product names mentioned in this book are subject to trademark, brand or patent protection and are trademarks or registered trademarks of their respective holders. The use of brand names, product names, common names, trade names, product descriptions etc. even without a particular marking in this work is in no way to be construed to mean that such names may be regarded as unrestricted in respect of trademark and brand protection legislation and could thus be used by anyone.

Cover image: www.ingimage.com

This book is a translation from the original published under ISBN 978-620-2-09259-3.

Publisher:
Sciencia Scripts
is a trademark of
Dodo Books Indian Ocean Ltd. and OmniScriptum S.R.L publishing group

120 High Road, East Finchley, London, N2 9ED, United Kingdom
Str. Armeneasca 28/1, office 1, Chisinau MD-2012, Republic of Moldova, Europe
Printed at: see last page
ISBN: 978-620-8-04647-7

ÍNDICE DE CONTEÚDOS

Capítulo 1

Resumo

Este estudo incluiu a definição moderna das doenças zoonóticas que afectam tanto os seres humanos como os animais, a sua história, importância e a classificação moderna adoptada com base no agente causador. Depois, foi dada mais atenção à classificação das doenças parasitárias zoonóticas, dividindo-as de acordo com a natureza do ciclo de vida do parasita e a natureza das interações hospedeiro-parasita. Além disso, foram descritas algumas doenças parasitárias importantes no que diz respeito à sua transmissão entre o homem e o animal, à sua incidência, bem como à gama de hospedeiros que infectam.

Além disso, o estudo analisou alguns dos métodos de rotina, quer diretos quer indirectos, habitualmente utilizados nos laboratórios para o diagnóstico de doenças parasitárias, mencionando partes da sua eficácia, vantagens e desvantagens. Os métodos de rotina incluíam a identificação direta utilizando sangue (películas de sangue finas e espessas), urina, fezes (esfregaços salinos diretos, esfregaços corados e teste de flutuação), bem como testes de tecidos.

Finalmente, o aspeto mais importante deste estudo foi a apresentação das técnicas moleculares modernas atualmente em uso para a deteção de doenças em geral. Os testes de diagnóstico molecular foram classificados entre os que dependem da hibridação, da amplificação (alvo, sinal ou sonda) e os ensaios que dependem da sequenciação de ácidos nucleicos e da sua digestão enzimática. Além disso, o estudo ilustrou as bases e os princípios das principais abordagens moleculares, com vários exemplos dessas técnicas, juntamente com as suas aplicações na deteção de determinadas zoonoses parasitárias.

Agradecimentos

Em nome de "ALLAH", o primeiro que merece todos os agradecimentos e prazeres por me ter concedido o bem-estar, a força e a ajuda com que esta investigação foi realizada.

Dr. Ibrahiam Abdl-Hussain AL-Zubaidy, Diretor da Faculdade de Medicina Veterinária/Universidade de Bagdade, e ao Vice-Decano de Estudos Superiores e Assuntos Científicos, **Prof. Dr. Bahaa Fakhri Hussein**, por me terem proporcionado todas as facilidades necessárias para a realização deste estudo.

Dr. Inam Jasim Lafta pelo seu apoio, orientação e mentoria ao longo deste estudo.

Além disso, gostaria de agradecer à Diretora do Departamento de Doenças Zoonóticas, **Dra. Zainab Razzaq**, pelo seu apoio, e agradeço também a ajuda de todos os membros desta unidade.

Por último, todo o meu carinho e agradecimento contínuo à minha família pela sua tolerância e apoio sem fim.

Mohanad

Introdução

A palavra zoonose (Pleural: zoonoses) foi introduzida pela primeira vez em 1880 por Rudolf Virchow para incluir as doenças que são comuns tanto nos seres humanos como nos animais. Posteriormente, em 1959, a Organização Mundial de Saúde (OMS) definiu as zoonoses como "as doenças e infecções que são naturalmente transmitidas entre os animais vertebrados e o homem" (Dubal *et al.*, 2014). As zoonoses podem ser transmitidas dos animais para o homem durante a preparação e a ingestão de carne infetada ou através do contacto próximo com os animais durante a caça, o abate ou o pastoreio de animais (Karesh *et al.*, 2012).

Setenta e cinco por cento das doenças infecciosas emergentes são zoonóticas, sendo a vida selvagem uma das principais fontes de infeção (Daszak *et al.*, 2001). Nos seres humanos, a maioria das novas infecções emergentes são de origem zoonótica (Gahlaut *et al.*, 2012). Nos países industrializados, as doenças zoonóticas são importantes para grupos de risco, como crianças, mulheres grávidas, idosos e pessoas imunocomprometidas. Por outro lado, as doenças zoonóticas na maioria dos países em desenvolvimento constituem um importante problema de saúde pública e contribuem para sobrecarregar o sistema de saúde pública (Katare e Kumar, 2010).

Foram documentadas mais de 300 zoonoses de diversas etiologias utilizando técnicas laboratoriais avançadas, com uma maior sensibilização dos cientistas médicos e veterinários, ecologistas e biólogos. A compreensão fácil do grande número de zoonoses exige uma classificação (Addl *et al.*, 2005). As doenças parasitárias zoonóticas são uma das zoonoses mais importantes em termos de saúde pública. Os parasitas representam um grupo alargado de organismos eucarióticos, que podem causar doenças graves nas populações humanas. Os parasitas causadores de doenças podem infetar mais de 20 milhões de pessoas, causando

diferentes doenças como a malária, a leishmaniose, a esquistossomose e a filariose (Hernandez e Ramirez, 2013).

O diagnóstico laboratorial de rotina em parasitologia inclui abordagens convencionais, como a microscopia ótica para a identificação morfológica dos parasitas (Cristo *et al.*, 2005). Embora existam vários métodos tradicionais para o diagnóstico da doença, estas ferramentas estão associadas a certas limitações, incluindo a dificuldade ocasional de identificar as estruturas dos parasitas, o que pode reduzir a sensibilidade desses métodos (Jardim *et al.*, 2006). Por conseguinte, foram desenvolvidas numerosas técnicas moleculares para identificar parasitas, especialmente os fastidiosos, os organismos de crescimento lento, não viáveis ou não cultiváveis, que não podem ser detectados utilizando técnicas de cultura tradicionais (Nolte e Caliendo, 2003). Assim, os novos desenvolvimentos nos instrumentos de diagnóstico modernos abriram uma nova era para uma grande melhoria na deteção de parasitas deteção. Por conseguinte, **este estudo teve como objetivo analisar dois pontos principais, nomeadamente**

i. Esclarecimento sobre as doenças zoonóticas, nomeadamente as causadas por parasitas, com revisão das mais importantes.

ii. Ilustração dos princípios e aplicações dos métodos moleculares para o diagnóstico das doenças parasitárias zoonóticas mais comuns.

Capítulo 2

2.1. Doenças zoonóticas

Zoonoses é a palavra derivada da palavra grega "zoo" que significa animais e "noses" que significa doenças (Dubal *et al.*, 2014). As zoonoses contêm apenas infecções que têm uma prova ou uma forte evidência de transmissão entre animais e seres humanos. Numerosos agentes microbianos, incluindo bactérias, vírus, fungos, parasitas e outros (Durga, 2016) podem causar vários tipos de doenças zoonóticas, como a raiva, a blastomicose, a psitacose, a tricose, a coccidomicose, etc. (Dahal e Kahn, 2014; Wiwanitkit, 2015).

As doenças zoonóticas podem ser transmitidas ao ser humano através de animais vertebrados, que envolvem mamíferos, aves, répteis, anfíbios e peixes. Uma vasta gama de animais, incluindo animais de estimação, de companhia, domésticos e selvagens, actua como reservatório e portador de numerosos agentes de doenças zoonóticas (Dubal *et al.*, 2014). As zoonoses podem ser transmitidas aos seres humanos de muitas formas por contacto direto ou indireto, como mordeduras e arranhões de animais, pelo que os veterinários e os agricultores são mais susceptíveis à infeção do que outras profissões (Dahal e Kahn, 2014). Além disso, as infecções zoonóticas podem ser transmitidas entre seres humanos e animais com ou sem vectores (Taylor *et al.*, 2001). Os vectores envolvem mosquitos, pulgas, carraças, piolhos (Sarwar, 2015), moscas mordedoras, insectos, caracóis, ácaros e helmintas (Samad, 2011), que transmitem ativamente agentes patogénicos de um animal hospedeiro reservatório infetado para outros indivíduos. As principais vias de transmissão de zoonoses incluem o sangue, a urina, a saliva, o leite, as fezes, os alimentos semi-cozinhados, os aerossóis e o contacto (Schnurrenberger e Hubbert, 1981). Além disso, as pessoas imunodeprimidas correm um risco elevado de infeção por doenças bacterianas zoonóticas (Durga, 2016).

2.2. Factores que influenciam os problemas zoonóticos

São vários os factores que podem afetar a prevalência das zoonoses, nomeadamente

(i)   Período de tempo em que o animal é infecioso.

(ii)   Duração do período de incubação nos animais.

(iii)   Estabilidade do agente.

(iv)   Densidade populacional dos animais.

(v)   Práticas de criação.

(vi)   Procedimentos de manutenção e controlo de roedores e insectos selvagens.

(vii)   Virulência do agente.

(viii)   Via de transmissão.

(Schnurrenberger e Hubbert, 1981; Benenson, 1990; Jaffry *et al.*, 2009).

2.3. Classificação das doenças zoonóticas de acordo com a

Agentes etiológicos

Com base nos seus agentes etiológicos, as doenças zoonóticas são classificadas da seguinte forma

2.3.1. Doenças Zoonóticas Bacterianas

As bactérias são organismos microscópicos unicelulares que se desenvolvem em diversos ambientes. Podem viver no solo, no oceano e no interior do intestino humano. Todos os anos, milhões de pessoas sofrem de zoonoses de origem alimentar, como a salmonelose (Visser, 1991) e a campilobacteriose (Benenson, 1990). Outras zoonoses bacterianas são: brucelose, colibacilose, carbúnculo, leptospirose, peste, shigelose e tularemia (Jaffry et al., 2009).

2.3.2. Doenças zoonóticas virais

Um vírus é um organismo microscópico que só se pode replicar no interior das células de um organismo hospedeiro. Os vírus infectam todos os tipos de organismos, incluindo animais e plantas, bem como bactérias (Breitbart e Rohwer, 2005). As zoonoses virais são infecções virais de animais que podem ser naturalmente transmitidas aos seres humanos, sendo que 219 espécies de vírus são conhecidas por terem a capacidade de infetar seres humanos (Woolhouse *et al.*, 2012). A raiva é um exemplo de uma infeção viral zoonótica, que é uma doença de morcegos e carnívoros, que é transmitida principalmente aos seres humanos por mordeduras. Quase todas as pessoas rigorosamente sujeitas a animais raivosos morrem se não forem tratadas. Cerca de 55.000 pessoas, especialmente crianças, morrem anualmente desta doença no mundo (Krebs *et al.*, 1993). Existem também outras zoonoses virais, como a gripe aviária, a febre hemorrágica da Crimeia-Congo, o ébola e a febre do Vale do Rift (Jaffry *et al.*, 2009).

2.3.3. Doenças Zoonóticas Rickettsiais

As Rickettsiae são procariotas intracelulares obrigatórios de tamanho muito pequeno, que se multiplicam por fissão binária (Mahajan, 2012). As Rickettsiae consistem num grupo de microrganismos que ocupam filogeneticamente uma posição entre as bactérias e os vírus. O género *Rickettsia* pertence à tribo bacteriana Rickettsiae, à família Rickettsiaceae e à ordem Rickettsiales. A classificação das Rickettsiales é complicada e continua a ser actualizada (Saah, 2000; Cowan, 2003). As doenças por Rickettsiales são transmitidas principalmente por artrópodes (Cowan, 2003), sendo os principais reservatórios de infeção os seres humanos, ratos, ratazanas e pequenos mamíferos (Ross, 1983). O ser humano infetado pode adquirir uma doença crónica manifestada por hepatite e endocardite (Steele, 1980). As zoonoses rickettsiais incluem o tifo da carraça e a febre Q causada pela *Coxiella Burnetii* (Mahajan, 2012).

2.3.4. Doenças fúngicas zoonóticas

Os fungos são a principal fonte da maioria dos problemas de pele e ocorrem frequentemente devido ao contacto direto. As doenças micóticas (fúngicas) mais comuns envolvem:

i- Dermatofitose, que é causada por fungos *Dermatófitos* ou *Dermatófitos* e pode causar doenças agudas ou crónicas com elevada morbilidade (Behzadi *et al.*, 2014). Os dermatófitos incluem uma vasta gama de fungos filamentosos patogénicos que consistem em três géneros importantes de *Epidermophyton*, *Microsporum* e *Trichophyton*, que podem levar a infecções superficiais em seres humanos e animais (Moriarty *et al.*, 2012).

ii- A esporotricose é outra doença micótica causada pelo *Sporothrix schenckii* que provoca lesões cutâneas (Allyne *et al.*, 2003).

2.3.5. Doenças zoonóticas parasitárias

Os parasitas são organismos que vivem dentro ou sobre outro organismo (ou seja, o hospedeiro) e obtêm o seu alimento a partir do seu hospedeiro ou à custa dele (Zaman, 2005). Os parasitas humanos incluem protozoários, helmintas e ectoparasitas (organismos que vivem na superfície externa de um hospedeiro). Causam muitas doenças e são transmitidos aos seus hospedeiros através da ingestão de alimentos ou água contaminados ou através da picada de um artrópode (por exemplo, uma mosca ou carraça), que pode atuar como hospedeiro intermediário e como vetor. O ciclo de vida de todos os parasitas inclui um período de tempo passado num organismo hospedeiro, e os ciclos de vida dos parasitas podem ser divididos em duas classes: diretos (monoxenos) e indirectos (heteroxenos) (Rogers, 2016).

A classificação taxonómica mais aceitável dos parasitas humanos inclui:

A- Ectoparasitas

Os ectoparasitas humanos (ecto- significa fora de) vivem no hospedeiro. Incluem: piolhos, pulgas, mosquitos, insectos, ácaros, carraças, etc. Os ectoparasitas fixam-se na pele do hospedeiro para se alimentarem, mas não persistem nela durante toda a sua vida. Exemplos de ectoparasitas zoonóticos são a sarna e a miíase (Addl *et al.*, 2005)

B- Endoparasitas

A maioria dos endoparasitas humanos *(endo-* significa interno) vive no interior do hospedeiro. Trata-se de helmintas (vermes de vários tipos), protozoários ou, por vezes, estádios larvares de artrópodes (por exemplo, insectos, ácaros). Numerosos endoparasitas residem nos intestinos ou, pelo menos, passam através dos intestinos depois de serem ingeridos nos alimentos ou na água. Tanto os parasitas helmínticos como os protozoários podem infetar vários órgãos e tecidos do corpo humano. No entanto, quase todos os órgãos podem ser afectados; alguns parasitas, como a

Trichinella spp. e o *Toxoplasma gondii*, vivem nos músculos, as larvas de *Echinococcus spp.* e as hepáticas habitam o fígado, o *Schistosoma hematobium* afecta a bexiga urinária e a maioria dos protozoários parasitas circula no sangue (El-Tonsy, 2009).

Os endoparasitas são subdivididos por El-Tonsy (2009) em:

i. Protozoários Parasitas Os protozoários são um grupo diversificado de organismos eucarióticos unicelulares. Os protozoários de vida livre encontram-se em quase todos os habitats terrestres e aquáticos, e as espécies parasitárias infectam todos os vertebrados e muitos invertebrados. Todos os protozoários são formas microscópicas que variam em tamanho de cerca de 5 a 100 pm. As zoonoses causadas por protozoários incluem a tripanossomose, a toxoplasmose e a leishmaniose.

ii. Parasitas helmínticos (organismos multicelulares). Os parasitas helmínticos incluem Trematódeos (vermes planos), Cestódeos (vermes segmentados semelhantes a fitas) e Nematódeos (vermes cilíndricos). Exemplos de zoonoses causadas por helmintos são a teníase, a hidatidose, a esquistossomose e a triquinelose

2.4. As doenças zoonóticas parasitárias mais comuns

2.4.1. Giardíase

Giardia spp. é um dos parasitas intestinais mais comuns dos seres humanos. Causa infecções sintomáticas em aproximadamente 200 milhões de pessoas na Ásia, África e América Latina (Yason e Rivera, 2007). *A Giardia* também pode infetar ovelhas, gado, cães, gatos, castores, roedores, primatas não humanos e outros animais (Pickering *et al.*, 2012). Os cistos de *Giardia* sobrevivem no ambiente, especialmente em água fria (Mandell *et al.*, 2010). As fontes potenciais de infeção incluem águas não filtradas de riachos e lagos contaminadas com fezes humanas e animais (Heymann, 2008). A doença é transmitida diretamente por via fecal-oral através do contacto pessoa a pessoa ou indiretamente pela ingestão de alimentos ou água contaminados com fezes (Huang e White, 2006). As crianças são mais frequentemente infectadas do que os adultos (Heymann, 2008).

A taxa de incidência em climas temperados é de 25% em crianças e de 2-10% em adultos, enquanto 50-80% das pessoas são portadoras em países tropicais (Baydack e Ens, 2015). A prevalência é mais elevada em regiões com más condições de saneamento e com serviços de tratamento de água inadequados (Ortega e Adam, 1997).

2.4.2. Leishmaniose

A leishmaniose é uma doença transmitida por vectores, de um hospedeiro vertebrado reservatório para os seres humanos através da picada de *flebotomíneos* infectados. A doença influencia a classe socioeconómica baixa das pessoas, e a sua transmissão ocorre através de aglomeração, pouca ventilação e recolha de materiais orgânicos dentro de casa (Addl *et al.*, 2005). É endémica em ambientes que vão desde os desertos às florestas tropicais, em regiões rurais e urbanas de mais de 98 países das regiões tropicais, subtropicais e do sul da Europa. Estima-se que 350 milhões de pessoas estejam em risco de infeção, com uma incidência global de 12 milhões. A prevalência anual estimada é de 0,2 - 0,4 milhões de casos de leishmaniose visceral (também chamada kala-azar, do hindu para "febre negra") e 0,7 - 1,2 milhões de casos de leishmaniose cutânea (Bekele, 2013).

2.4.3. Toxoplasmose

A toxoplasmose ocorre naturalmente no homem, nos animais domésticos e selvagens e nas aves (Radostitis *et al.*, 2006). Entre os animais de criação, os suínos, os ovinos e os caprinos são mais susceptíveis à infeção por *Toxoplasma gondii* do que outros (Dubie *et al.*, 2014). Os animais fundamentais na epidemiologia da toxoplasmose pós-natal são os gatos e outros membros da família dos felídeos. Após uma infeção primária, um gato pode libertar oocistos durante cerca de duas semanas e podem aparecer milhões destes numa única amostra de fezes. Os oocistos são resistentes à maioria das condições ambientais e podem resistir a situações húmidas durante meses e mesmo anos. Os invertebrados coprófagos, como as baratas e as moscas, podem transmitir os oocistos mecanicamente. Outras formas possíveis de propagação são a venérea, a ingestão de leite, de ovos e por transplante de órgãos (Addl *et al.*, 2005). A incidência da infeção em animais e seres humanos pode diferir em várias partes de um país ou regiões com base na existência de felinos e de condições ambientais adequadas, tais como temperatura, humidade e arejamento, que são necessárias para o desenvolvimento das fases infecciosas, para além do teste utilizado e da espécie hospedeira examinada. Para além das condições ambientais, os hábitos culturais e as espécies animais são algumas das causas que podem influenciar o grau de propagação natural do *T. gondii* (Radostits *et al.*, 2006).

Nos seres humanos, a Toxoplasmose de origem alimentar pode ocorrer como resultado da exposição a vários estádios de *T. gondii*, especialmente a partir da ingestão de quistos de tecidos (carne) contendo bradizoítos e taquizoítos, vísceras primárias ou produtos derivados da carne de vários animais, ou a ingestão de oocistos esporulados que estão presentes no ambiente e possivelmente contaminam os alimentos e a água (Berthonneau *et al.*, 2000).

2.4.4. Criptosporidiose

A criptosporidiose é causada pelo *Cryptosporidium*, que se encontra no solo, na água e nos alimentos (Heidari, 2016). Afecta o trato respiratório e o intestino delgado, tanto em indivíduos imunocompetentes como imunocomprometidos, e causa tosse inexplicável com diarreia aquosa grave (Durga, 2016).

Verificou-se que as espécies de *Cryptosporidium* infectam mamíferos, aves, répteis, anfíbios e peixes. As duas espécies que mais frequentemente infectam os seres humanos *são*

C. hominis e *C. parvum*, e enquanto a primeira espécie parece ser principalmente

limitado aos seres humanos, este último tem uma vasta gama de hospedeiros, incluindo a maioria dos principais

espécies animais de criação doméstica (Fayer, 2010).

2.4.5. Equinococose

A equinococose, também conhecida como doença hidática ou hidatidose, é uma doença zoonótica que ocorre em resultado da infeção pelas fases larvares de cestodes taeniídeos do género *Echinococcus*. Caracteriza-se pelo crescimento prolongado de estádios metacestódeos (larvares), designados cistos hidáticos, em órgãos internos, principalmente fígado e pulmões, de animais hospedeiros intermédios, incluindo ovinos e caprinos (Mandal e Mandal, 2012). No entanto, o homem é um hospedeiro intermediário, mas nunca desempenha um papel na transmissão do parasita (Periago, 2003). Por acaso, os ovos são também ingeridos pelo homem, mas não afectam o ciclo natural (Mandal e Mandal, 2012). O ciclo cão-ovelha-cão é um ciclo muito essencial para a manutenção do parasitismo em muitas áreas endémicas do mundo. As ovelhas e outros hospedeiros intermédios adquirem hidatidose ao pastar em pastagens contaminadas com fezes de cães que contêm ovos de cestodes. Os cães, por sua vez, são infectados pela ingestão de vísceras que contêm quistos férteis com protoscolisões viáveis (Periago, 2003).

A equinococose ocorre em quatro formas de acordo com de Siqueira *et al., (*2013) incluindo:
- A equinococose cística, também conhecida como doença hidática ou hidatidose, é causada por uma infeção por *E. granulosus*.

- A equinococose alveolar é causada pela infeção por *E. multilocularis*.
- A equinococose policística é causada por uma infeção por *E. vogeli*.
- A equinococose unicística é causada por uma infeção por *E. oligarthrus*.

As duas formas mais imperativas, que são de importância médica e de saúde pública nos seres humanos, são a equinococose cística e a alveolar. Além disso, a *E. granulosus* que causa a equinococose quística tem importância económica e patogénica em hospedeiros intermédios e hospedeiros intermédios invulgares em muitas áreas do mundo (Larrieu *et al.*, 1999; Torgerson e Budke, 2003).

2.5. Diagnóstico de Parasitas no Laboratório:

2.5.1. Diagnóstico de rotina

2.5.1.1. Identificação direta

As infecções parasitárias são diagnosticadas por rotina a partir de amostras de sangue, urina, fezes e tecidos ou através do exame post-mortem, como se indica a seguir:

Sangue

As análises ao sangue são utilizadas para a identificação de diferentes fases dos parasitas do sangue e são geralmente efectuadas para o diagnóstico de babesiose, teileriose, anaplasmose, tripanossomíase, a maioria dos tipos de filariose e malária (Benbrook e Sloss, 1961).

Existem dois tipos de películas de sangue, consoante o objetivo e a aplicação:

> **As lâminas delgadas de sangue** são utilizadas para estudar as alterações morfológicas dos parasitas e das células sanguíneas. A principal desvantagem deste método é o pequeno volume de amostra e a dificuldade na deteção de animais portadores e de baixa parasitemia (Beaver *et al.*, 1984).

> **As películas de sangue espessas** contêm 6 a 20 vezes mais sangue por unidade de área do que as películas finas. As películas espessas são adequadas para o diagnóstico rápido da parasitemia que é demasiado baixa para ser detectada utilizando películas finas. No entanto, este método não é adequado para o diagnóstico morfológico pormenorizado dos parasitas (Mahoney e Saal, 1961).

Urina

O exame do sedimento de urina é utilizado principalmente para a identificação de ovos *de Schistosoma*. Existem dois métodos principais para a deteção de ovos *de S. haematobium*:

> **Sedimentação**

Para o efeito, deixar sedimentar a amostra de urina fresca, que deve ser agitada antes de ser vertida, durante uma hora num frasco cónico de urina. Em seguida, o sedimento é retirado para um tubo de centrifugação e centrifugado durante não mais de dois minutos a 2000 g. Finalmente, o sedimento é examinado com uma pequena ampliação para detetar a presença de óvulos.

> **Filtragem**

Coloca-se um filtro de policarbonato ou de fibra de nylon (12-20 pm de porosidade) num suporte de filtro, agita-se a urina e retira-se para uma seringa (10-20 ml). Em seguida, o suporte do filtro é fixado para expulsar a urina. O filtro é retirado com uma pinça em

numa lâmina de microscópio. Eventualmente, todo o filtro é examinado para detetar a presença de ovos após

coloração com iodo de Lugol (Peters, 1976).

Fezes

Não se segue uma técnica geral nem um método ideal para o exame microscópico das fezes. Na maioria das vezes, um diagnóstico fiável pode ser realizado através da aplicação de uma combinação de várias técnicas (Benbrook e Sloss, 1961), incluindo

> **Esfregaço direto com soro fisiológico**: Este procedimento é usado para indicar a presença de parasitas, mas não é quantitativo. Prepara-se um esfregaço fecal direto colocando uma gota de soro fisiológico no centro de uma lâmina de microscópio e, em seguida, suspende-se 2 mg de amostra fecal na gota de soro fisiológico sem a espalhar. Uma lamínula é então colocada para cobrir a suspensão da amostra, que está agora pronta para ser examinada ao microscópio (Beaver *et al.*, 1984).

> **Esfregaços corados**: Este tipo de esfregaço é fundamental para obter detalhes para um diagnóstico preciso e é também adequado para armazenamento a longo prazo para fins de registo. A hematoxilina e o tricrómio são as duas colorações mais frequentemente utilizadas

(Levine, 1985).

> **Flutuação**: A concentração de parasitas nas fezes por flotação é usada para detetar oocistos de coccidia e ovos de helmintos. No entanto, nem sempre existe uma relação direta entre o número de ovos nas fezes e o número de parasitas existentes (Ambrosio e Dewaal, 1990).

> **Sedimentação**: Utilizada principalmente para identificar ovos de parasitas internos que não flutuam bem devido à gravidade específica elevada ou à presença de anoperculum (ovos de vermes e falsas ténias) (Dryden, 2010).

Tecidos

O material de biopsia é frequentemente importante para a deteção de protozoários ou helmintas. Normalmente, as biopsias de gânglios linfáticos, fígado, pulmão, baço, medula óssea ou líquido espinal são utilizadas para diagnosticar diferentes doenças (Beaver *et al.*, 1984).

Post-mortem

O exame post-mortem é atualmente a forma mais eficaz de diagnosticar com precisão as infecções por helmintas (Reinecke, 1984).

2.5.1.2. Identificação indireta

Todos os métodos de identificação direta utilizados para os parasitas são infrutíferos para o diagnóstico se a densidade de parasitas na amostra for inferior à sensibilidade do método utilizado, ou se o parasita não puder ser diretamente demonstrado devido ao ciclo de vida no hospedeiro, como no caso da equinococose, toxoplasmose e cisticercose. Nestes casos, devem ser seguidos métodos indirectos; no entanto, não existem testes indirectos fiáveis para o serodiagnóstico de doenças parasitárias em animais. É importante que os testes serológicos permitam distinguir entre infecções recentes e latentes e que sejam capazes de determinar os animais portadores

(Ambrosio e Dewaal, 1990).

Os testes comercialmente disponíveis revelam dificuldades em termos de fiabilidade e interpretação dos resultados, exigindo frequentemente a utilização de aparelhos dispendiosos e especializados (Fox *et al.*, 1986). Além disso, a especificidade destes testes não é satisfatória e a distinção entre organismos estreitamente relacionados nem sempre é conseguida devido à reação cruzada. Além disso, a maioria dos testes serológicos depende da reação entre os anticorpos e os componentes antigénicos do parasita (inteiros ou solúveis), originando complexos antigénio-anticorpo (Ambrosio e Dewaal, 1990). Estes complexos podem ser identificados através da adição de anti-globulinas conjugadas com corantes de fluoresceína e rodamina, radioisótopos ou enzimas. Como os anticorpos podem permanecer durante muito tempo após a eliminação dos parasitas, isto constitui outra desvantagem da serologia, porque a deteção de um anticorpo específico não se refere ao estado parasitológico atual do hospedeiro. Por conseguinte, os resultados de um teste serológico são retrospectivos. Apenas antigénios definidos e altamente purificados permitem o serodiagnóstico ao nível do género, mas o serodiagnóstico ao nível da espécie específica é pouco frequente (Weiland, 1988). No entanto, este problema pode ser ultrapassado através da utilização de anticorpos monoclonais, que permitem a identificação de locais de antigénio altamente específicos (Ambrosio e Dewaal, 1990).

Os testes serológicos habitualmente utilizados incluem o teste de fixação do complemento (CFT), a imunodifusão (ID), a hemaglutinação indireta (IHA), o teste de anticorpos imunofluorescentes indirectos (IFA), o teste de anticorpos ligados a enzimas Imunossorvente (ELISA) e Radioimunoensaio (RIA). Os testes menos frequentemente utilizados incluem a aglutinação em látex, a aglutinação capilar e a aglutinação em cartão (Weiland, 1988).

2.5.1. Métodos moleculares para a deteção de parasitas

Estruturas

O desenvolvimento e a aplicação de técnicas moleculares abriram uma revolução nas doenças infecciosas, na monitorização e no diagnóstico ao longo dos últimos anos (Tang *et al.*,

1997). O diagnóstico molecular foi iniciado no final dos anos oitenta com o desenvolvimento da reação em cadeia da polimerase (PCR) (Saiki *et al.*, 1988).

O diagnóstico molecular é mais adequado para a deteção de agentes infecciosos difíceis de cultivar, identificar ou examinar a suscetibilidade em comparação com os testes tradicionais. Para além da deteção de quantidades mais pequenas de ADN ou ARN dos agentes patogénicos, os testes moleculares minimizam o tempo necessário para a identificação perfeita, têm a capacidade de detetar um único agente patogénico, agentes patogénicos relacionados com síndromes múltiplas e agentes patogénicos genotípicos resistentes aos medicamentos. O principal conceito subjacente ao desenvolvimento de métodos de diagnóstico molecular é o facto de cada organismo possuir algumas sequências de ADN únicas e específicas. As técnicas moleculares tornam visíveis estas sequências de ADN específicas de cada espécie. A maioria dos testes moleculares depende em grande medida de três componentes fundamentais: extração de ácido nucleico,

análise de amplificação e deteção de um produto amplificado (Gahlaut *et al.*, 2012). **A Figura 1** apresenta um esquema dos diferentes métodos de diagnóstico molecular métodos.

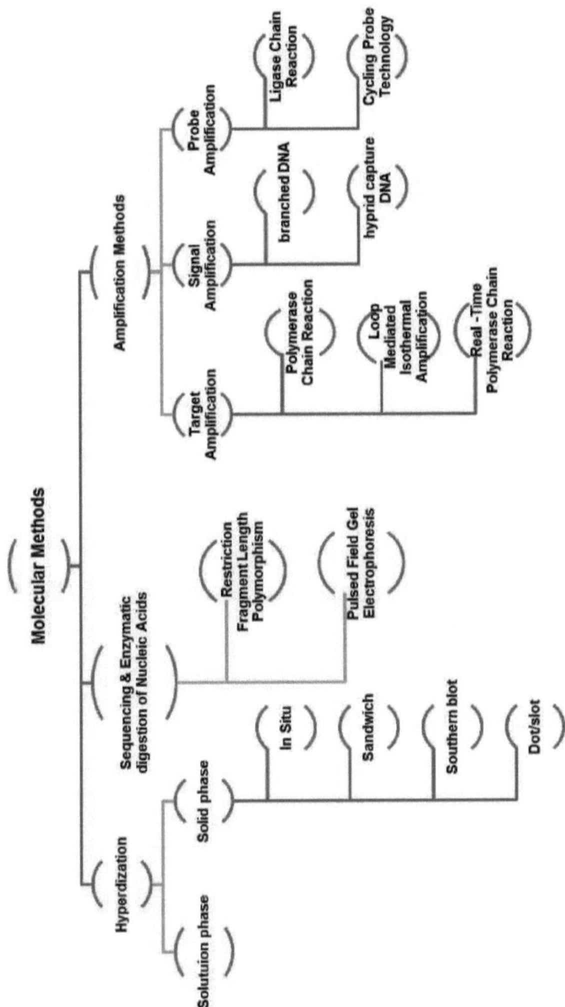

Figura 1: Esquema ilustrativo dos diferentes métodos de diagnóstico molecular.

2.5.1.1. Classificação das técnicas moleculares

2.5.1.1.1.   Métodos de hibridação

Os métodos de hibridação de ácidos nucleicos dependem da capacidade de as duas cadeias de ácidos nucleicos terem uma sequência de bases complementares ou homólogas para se ligarem especificamente uma à outra e produzirem uma molécula de cadeia dupla (híbrida), uma vez que a hibridação necessita de homologia de sequência, uma reação de hibridação positiva entre duas cadeias de ácidos nucleicos, cada uma proveniente de uma fonte diferente, demonstra a relação genética entre os dois organismos. Os testes de hibridação exigem que uma cadeia de ácido nucleico seja derivada de um organismo conhecido, enquanto a outra cadeia é retirada do organismo a ser detectado ou identificado (Malhotra *et al.*, 2014). Os resultados da hibridação são referidos como percentagem de hibridação/percentagem de semelhança/percentagem de parentesco (Forbes *et al.*, 2002). **A Figura 2** mostra um diagrama que representa o ensaio de hibridação para o parentesco de estirpes (Malhotra *et al.*, 2014).

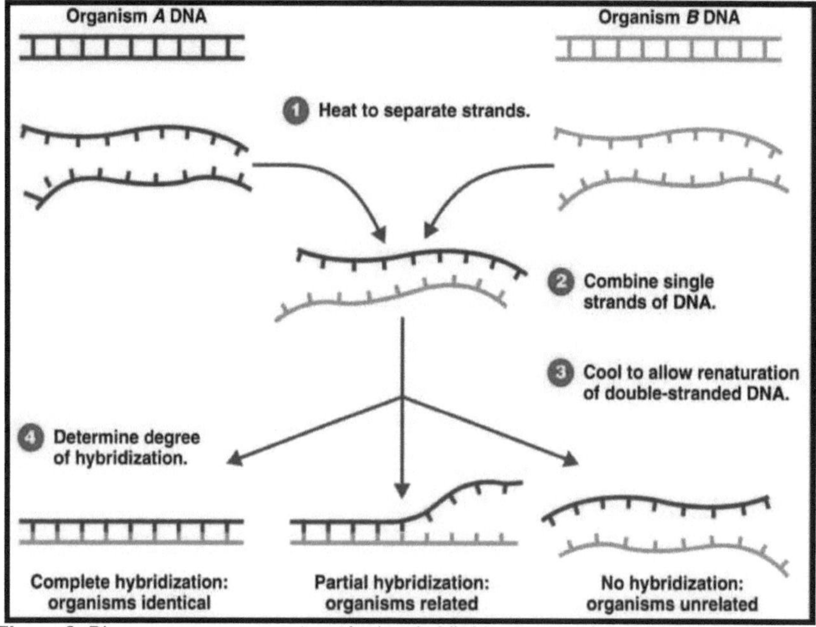

Figura 2: Diagrama que representa a técnica de hibridação para determinar a relação entre estirpes (Malhotra *et al.*, 2014)

A hibridação, de acordo com Malhotra *et al.*, (2014), é classificada com base na sua aplicação em dois tipos:

2.5.2.1.1.1. Hibridação em fase de solução

A mistura que contém o ácido nucleico alvo e a sonda são capazes de interagir livremente em meio líquido. O ambiente aquoso faz com que a taxa de hibridação seja rápida. O ADN de cadeia dupla (dsDNA) de interesse é desnaturado e o ácido nucleico de cadeia simples resultante é misturado com sondas de cadeia simples. Os ADN de cadeia simples não hibridizados são eliminados por digestão com a nuclease S1. O dsDNA hibridizado é recuperado por precipitação com ácido tricloroacético. Outro método consiste em ligar o dsDNA hibridizado a uma coluna de hidroxiapatite, que, por sua vez, se liga ao dsDNA de forma selectiva. Além disso, está disponível outro método amplamente utilizado, conhecido como ensaio de proteção da hibridação, que utiliza uma sonda marcada com éster de acridínio para hibridar com o alvo. Após a adição de hidróxido de H_2O_2, o duplex produz luz. Esta técnica pode ser efectuada em poucas horas, uma vez que não é necessário eliminar o excesso de ADN de cadeia simples não ligado (Saiki *et al.*, 1988; Arnold *et al.*, 1989; Forbes *et al.*, 2002).

2.5.2.1.1.2. Hibridação em fase sólida

Na hibridação em fase sólida, a reação é realizada num suporte sólido, por exemplo, nitrocelulose ou membrana de nylon. Este tipo de hibridação inclui quatro métodos: hibridação dot/slot, hibridação southern blot, hibridação sanduíche e hibridação in situ (Arnold *et al.*,1989; Forbes *et al.*, 2002).

- Hibridação de pontos/ ranhuras

A hibridação de pontos pode ser utilizada para detetar rápida e especificamente ácidos nucleicos (razoavelmente 104-105 moléculas/ml) em amostras clínicas. Neste método, a amostra-alvo é fixada a uma membrana sob a forma de ponto ou ranhura. Em seguida, a membrana é processada para libertar o ADN-alvo do microrganismo e desnaturá-lo para uma única cadeia. A membrana é submersa numa solução que contém sondas marcadas e deixa-se hibridar. As sondas não ligadas são lavadas e os duplexes hibridizados são detectados em função da natureza das moléculas repórteres. As vantagens desta técnica consistem no facto de uma única membrana poder ser utilizada para testar um certo número de espécimes e de um único espécime poder ser testado para vários organismos na mesma membrana (Malhotra *et al.*, 2014).

- Hibridação Southern blot

Assim que o ADN é extraído e purificado dos organismos, é cortado com enzimas de restrição em vários fragmentos de diferentes tamanhos. Os fragmentos resultantes são então separados em gel por eletroforese. Os fragmentos percorrem o gel com base no seu peso molecular, sendo que os fragmentos mais pequenos migram mais rapidamente e mais longe do que os fragmentos maiores. O ADN de interesse é transferido para uma membrana de nylon ou de nitrocelulose. A membrana é imersa num fluido de hibridação que contém uma sonda marcada. Para diminuir a ligação não específica da sonda, utiliza-se formamida desionizada e detergentes, por exemplo, dodecil sulfato de sódio (SDS). Os duplexes hibridizados são detectados por métodos enzimáticos, fluorométricos ou radiométricos, com base na natureza da molécula repórter utilizada. Por este meio
as bandas podem ser vistas na membrana. Este método permite que o

determinação do fragmento de ácido nucleico alvo que transporta a base
sequência de interesse (Malhotra *et al.*, 2014) (**Figura 3**).

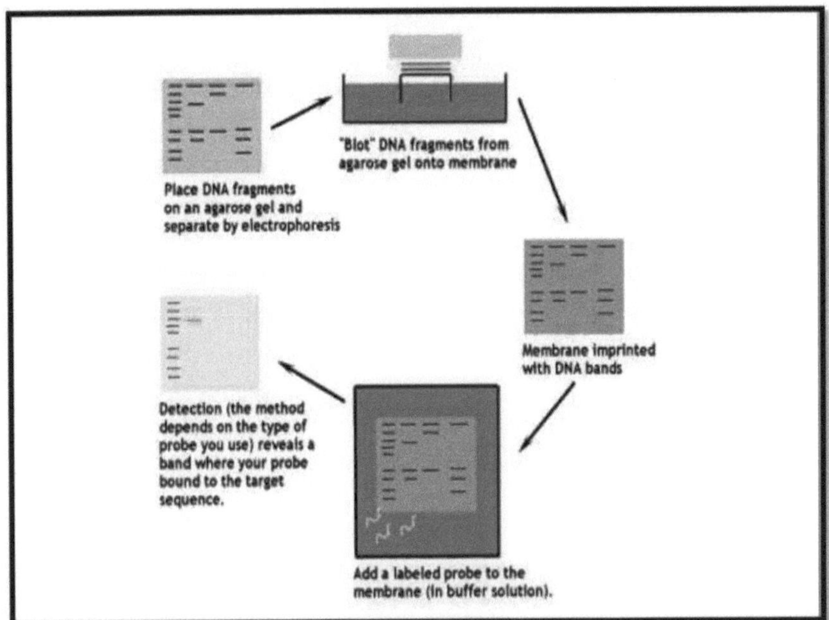

Figura 3: Diagrama que mostra os passos básicos da hibridação por Southern blotting (Malhotra *et al.*, 2014).

- Hibridação em sanduíche

Na hibridação em sanduíche, são utilizadas duas sondas, incluindo: uma sonda não marcada que é fixada num suporte sólido (placa de microtítulo) e serve para capturar o alvo da amostra de teste. Em seguida, é utilizada uma segunda sonda marcada, que é específica para outra parte da sequência alvo, para detetar a presença de um duplex. A colocação em sanduíche ou a inserção do alvo entre duas sondas reduzirá as reacções inespecíficas e aumentará a especificidade; no entanto, esta técnica é onerosa devido ao maior número de etapas de processamento e lavagem (Malhotra *et al.*, 2014).

• Hibridação in situ

A hibridação in situ permite a identificação de um agente patogénico no contexto da lesão patológica que está a ser produzida. Neste ensaio, o tecido com uma lâmina de vidro para microscópio actua como a fase sólida. O processamento das amostras de tecido envolve a manutenção da integridade da estrutura do tecido para permitir a libertação e a desnaturação do ácido nucleico do agente patogénico numa única cadeia com uma sequência de bases intacta. São habitualmente utilizadas sondas fluorescentes (utilizadas na hibridação in situ por fluorescência - FISH) e sondas marcadas com rádio (Forbes *et al.*, 2002). Existem algumas vantagens na utilização da hibridação in situ, que incluem

- É provável que se obtenha uma hibridação molecular ao mesmo tempo que se observa a estrutura histopatológica da amostra.
- Este método permite a deteção de células infectadas no tecido com precisão.
- É útil para a deteção de parasitas intracelulares, por exemplo, vírus, bem como de doenças malignas.

Além disso, também existem desvantagens nas técnicas de hibridação, como a falta de sensibilidade (aproximadamente 104 cópias de ácido nucleico/ml para uma hibridação fiável) e a falta de capacidade de análise.

) em comparação com os ensaios de PCR/amplificação (Arnold *et al.*, 1989);
Forbes *et al.*, 2002).

2.5.2.1.2. Métodos de amplificação

Os métodos de amplificação melhoram a sensibilidade do diagnóstico devido a uma etapa de amplificação. Estas técnicas são classificadas em três categorias: amplificação do alvo, amplificação do sinal e amplificação da sonda (Cobo, 2012).

2.5.2.1.2.1. Métodos de amplificação do alvo

Os sistemas de amplificação do alvo amplificam o alvo em grandes quantidades. Algumas destas abordagens utilizam a PCR, que requer a utilização de um termociclador, enquanto os métodos de amplificação isotérmica, que também amplificam o alvo, não requerem um termociclador. De um modo geral, estas técnicas incluem:

* Amplificação baseada na sequência de ácidos nucleicos (NASBA)

* Amplificação mediada por transcrição (TMA)

* Amplificação por deslocamento de cadeia (SDA)

* Amplificação isotérmica mediada por laço (LAMP) (Malhotra *et al.*, 2014).

2.5.2.1.2.2. Métodos de amplificação do sinal

Nos ensaios de amplificação de sinal, o sinal é claramente proporcional à quantidade de sequência alvo encontrada na amostra clínica, diminuindo assim os resultados falsos positivos devido à contaminação cruzada (Cobo, 2012). Exemplos de métodos de amplificação de sinal incluem o ADN ramificado (bDNA) e o ADN de captura híbrida (HC DNA). Ambos os métodos têm sido utilizados em laboratórios clínicos, não utilizam enzimas para a amplificação e também satisfazem os desafios para um melhor ensaio molecular que não seja por amplificação do alvo, envolvendo: deteção específica, gama dinâmica, facilidade de utilização, normalização e reprodutibilidade (Wang, 2006).

2 .5.2.1.2.3. Métodos de amplificação da sonda

Os métodos de amplificação com sonda amplificam produtos que contêm apenas a sequência da sonda. Estes métodos incluem a reação em cadeia da ligase (LCR), a tecnologia Cycling Probe e outros (Ravikant *et al.*, 2016).

* **Reação em cadeia da ligase (LCR):** A LCR baseia-se em rondas consecutivas de ligação dependente do molde de duas sondas de oligonucleótidos justapostas. A LCR admite a distinção de sequências de ADN que variam apenas num único par de bases. Esta reação é realizada incubando um ADN alvo de cadeia simples com sondas de oligonucleótidos que, por sua vez, se ligam ao alvo de uma forma extremidade a extremidade. Em seguida, uma DNA ligase termoestável une as duas sondas. O duplex resultante é aquecido de modo a separar

as sondas ligadas do ADN alvo. Após a separação, tanto a sequência-alvo separada como as sondas ligadas podem atuar como alvos para as sondas. Estes passos são repetidos várias vezes, conduzindo a uma amplificação geométrica da sonda (Baron, 2011).

- **Cycling Probe Technology (CPT):** Neste método, é utilizada uma sonda marcada com fluorescência DNA-RNA-DNA a uma temperatura constante. O ADN alvo faz o anelamento com a sonda, que é marcada com fluorescência numa extremidade e com um supressor na outra. Em seguida, uma enzima corta a região de ARN da sonda, que, por sua vez, deixa de estar intacta, extinguindo o sinal e provocando a emissão de fluorescência. A amplificação da sonda é linear e não exponencial. Esta aplicação foi utilizada para a deteção do gene *mecA* de *Staphylococcus aureus* resistente à meticilina (MRSA) (Ravikant *et al.*, 2016).

2.5.2.1.3. Sequenciação e digestão enzimática de ácidos nucleicos

A sequenciação de ADN significa determinar a ordem dos nucleótidos numa molécula de ADN para a qual é feita a extração de ADN plasmídico ou cromossómico. Esta técnica pode ser aplicada para estudar a estrutura do gene, descobrir mutações, comparar a relação genética e conceber primers de oligonucleótidos (Ravikant *et al.*, 2016). Os diferentes métodos são apresentados a seguir:

> **Polimorfismo de Comprimento de Fragmentos de Restrição (RFLP)**

Em todos os organismos, incluindo os micróbios, o polimorfismo ou variabilidade está presente na sequência de nucleótidos. A técnica do polimorfismo de comprimento de fragmentos de restrição (RFLP) baseia-se nas alterações dos pares de bases nos sítios de restrição, que ocorrem devido a mutações. As enzimas de restrição (ER), que são normalmente produzidas por diferentes espécies de bactérias, cortam o ADN em sítios específicos de reconhecimento de 4-6 pb, sendo estes fragmentos separados de acordo com o seu tamanho molecular através de eletroforese em gel. Os fragmentos resultantes podem ser observados sob luz ultravioleta (UV, 260 nm) após coloração do ADN com brometo de etídio. Os passos da técnica RFLP estão representados na (**Figura 4**). Esta técnica pode ser utilizada para detetar alterações resultantes de adições, supressões, substituições ou rearranjos de sequências de bases nas sequências de reconhecimento de ER. Pode também ser utilizada para determinar a variação de estirpes, por exemplo, no *M. tuberculosis* (van Embden *et al.*, 1993; Forbes *et al.*, 2002).

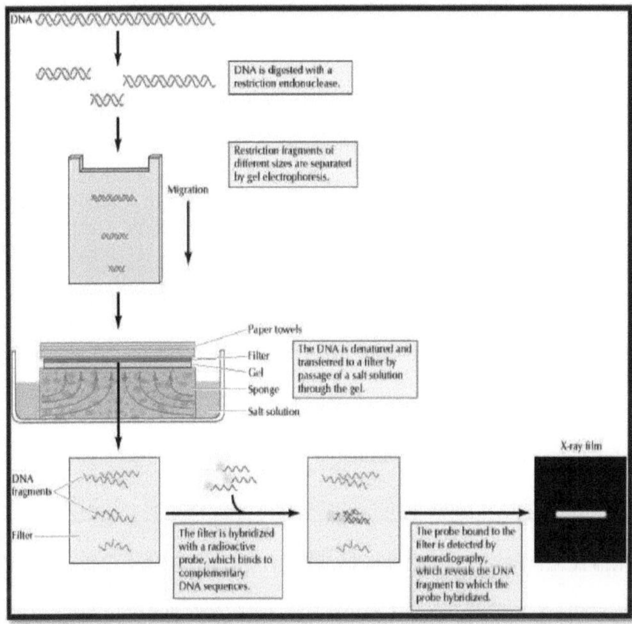

Figura 4: Passos do Polimorfismo de Comprimento de Fragmento de Restrição (Malhotra *et al.*, 2014).

> **Eletroforese em Gel de Campo Pulsado (PFGE)**

A eletroforese em gel de campo pulsado (PFGE) utiliza enzimas de restrição que clivam o ADN em locais de restrição específicos, produzindo fragmentos de ADN de vários tamanhos. Estes fragmentos podem ser separados de acordo com o seu tamanho através de eletroforese em gel de agarose e visualizados com brometo de etídio, dando origem a um padrão de bandas caraterístico. Este padrão de bandas é específico para cada sequência de ADN devido à elevada especificidade das enzimas de restrição (Bong, 2006). Nesta técnica, os campos eléctricos são utilizados alternadamente a partir de vários ângulos, resultando na separação de grandes fragmentos de ADN. Assim, há uma resolução melhorada de fragmentos que são diferentes por poucas bases (Ravikant et al., 2016).

2.5.2.2. As técnicas moleculares mais populares utilizadas para a deteção de parasitas

2.5.2.2.1. Reação em cadeia da polimerase (PCR)

A reação em cadeia da polimerase (PCR) foi inventada em 1983 por Kary Mullis, que recebeu o Prémio Nobel da Química (Malhotra *et al.*, 2014). É útil para a deteção de números baixos de parasitas em amostras de fezes; por conseguinte, a sensibilidade de deteção da PCR é superior à da microscopia ótica (Guy *et al.*, 2004).

Isto aplica-se sobretudo à parasitologia porque é muitas vezes impossível obter ou isolar uma quantidade suficiente de amostras de parasitas durante as várias fases do ciclo de vida para a análise tradicional (Tavares *et al.*, 2011).

Os métodos baseados na PCR também foram combinados com outras técnicas, como a PCR aninhada ou a RFLP, para genotipar organismos (Guy *et al.*, 2004). Este método tem sido utilizado para investigar parasitas não intestinais. A sua eficácia na deteção de espécies de parasitas como a *Leishmania* e o *Plasmodium* já foi estudada por muitos cientistas (Antinori *et al.*, 2007).

Nos estudos da Leishmaniose visceral, a PCR tem sido aplicada para muitos fins para além do diagnóstico, como a monitorização e estudos epidemiológicos. Esta técnica tem-se revelado sensível para a deteção de *Leishmania*, independentemente da história clínica do doente ou da resposta imunitária (Gontijo e Melo, 2004).

No que diz respeito ao *Plasmodium*, um dos benefícios da PCR para o diagnóstico da malária é o desenvolvimento considerável na identificação de espécies em infecções mistas (Hanscheid, 1999). O estudo realizado por Costa *et al.* (2008) sobre a infeção por malária no

Brasil revelou que as infecções mistas na região amazónica podem ser subestimadas em resultado de uma técnica de esfregaço espesso mal executada. Por conseguinte, o ensaio de PCR pode ser uma ferramenta essencial para a deteção da infeção por *Plasmodium*.

Apesar das vantagens das técnicas baseadas na PCR, por exemplo, a elevada sensibilidade e especificidade na deteção de alguns parasitas, a principal desvantagem destas tecnologias é o facto de consumirem muito tempo e não serem quantitativas (Lin *et al.*, 2000). Um avanço nas metodologias baseadas na PCR é a técnica de PCR quantitativa em tempo real, como se refere a seguir (Lin *et al.*, 2000; Guy *et al.*, 2004).

2.5.2.2.2. Reação em cadeia da polimerase em tempo real (RT-PCR)

Esta técnica, também conhecida como PCR quantitativa em tempo real (RT-qPCR ou qPCR), foi desenvolvida no início dos anos 90 e tem sido utilizada para monitorizar a amplificação da PCR em tempo real (Lin *et al.*, 2000). A RT-qPCR é um sistema de amplificação simples, rápido, fechado e automatizado que, para além das suas amplas vantagens, tem a capacidade de reduzir a possibilidade de contaminação cruzada associada à PCR tradicional (Farcas *et al.*, 2006; Shokoples *et al.*, 2009). A especificidade e a sensibilidade das técnicas originais foram mantidas e combinadas com a deteção direta do alvo de eleição. Na RT-qPCR, utilizam-se iniciadores, sondas ou corantes marcados com fluorescência para recolher continuamente sinais fluorescentes de uma ou mais reacções ao longo de múltiplos ciclos. Uma câmara digital e um fluorómetro são combinados com o tubo de reação para a deteção dos sinais (Higuchi *et al.*, 1993).

O ensaio RT-qPCR tem sido utilizado com êxito na deteção de agentes patogénicos, na expressão e regulação de genes e na discriminação de alelos (Lin *et al.*, 2000). Permite a quantificação da amostra original utilizando múltiplos agentes fluorescentes que envolvem o corante SYBR Green, sondas TaqMan, primers Scorpion e transferência de energia por ressonância de Forster (FRET) (Ndao, 2009). Esta técnica foi modificada para incluir outros corantes mais seguros (não cancerígenos), tais como LCGreen (Wittwer *et al.*, 2003), SYTO9 (Monis *et al.*, 2005) e EvaGreen (Wang *et al.*, 2006).

A RT-qPCR permite quantificar ácidos nucleicos de parasitas a partir de tecidos ou amostras ambientais, e avaliar a intensidade da infeção e/ou a viabilidade dos parasitas (Gasser, 2006). Apesar do inconveniente deste método de diagnóstico representado pelos custos elevados, as suas caraterísticas rápidas e valiosas de desempenho garantem a sua utilização como ferramenta auxiliar de diagnóstico de infecções parasitárias (Farcas *et al.*, 2006). Foram realizados estudos sobre a utilização de SYBR Green I RT-PCR para detetar protozoários, tais como espécies de *Cryptosporidium*, *Leishmania* e *Trypanosoma* (Gasser, 2006). Além disso, esta técnica foi capaz de detetar *Giardia* em esgotos e foi sensível para identificar este protozoário em amostras de fezes humanas (Guy *et al.*, 2004). De igual modo, Lin *et al.* (2000) desenvolveram um método qPCR para investigar *Toxoplasma gondii*. Verificou-se que este teste é particularmente útil no diagnóstico de *T. gondii* em doentes com SIDA que normalmente não produzem níveis aumentados de imunoglobulina M (IgM) ou imunoglobulina G (IgG). Da mesma forma, Costa *et al.* (2000) estabeleceram um método de RT-PCR que pode ser adequado para monitorizar a eficácia do tratamento e aumentar a compreensão da patogénese da reativação da infeção por *T. gondii*. Utilizando a RT-PCR, foram examinados vários aspectos da leishmaniose, como o diagnóstico, a eficácia dos medicamentos, os modelos animais e a capacidade vetorial (Talmi-Frank *et al.*, 2010). Outro estudo mostrou que a qPCR pode ser uma ferramenta promissora para monitorizar a terapia antimalárica em doentes *com Plasmodium* (Rougemont *et al.*, 2004).

Utilizando um ensaio RT-PCR multiplexado, Shokoples e colaboradores (2009) identificaram as quatro espécies de *Plasmodium* que causam infecções nos seres humanos numa única reação, mesmo quando se examinam amostras com pouca infeção. Este método não só reduziu o custo por teste, como também proporcionou um teste rápido

conclusão em apenas três horas, aumentando a sensibilidade para as infecções simples

deteção.

2.5.2.2.3.   Amplificação Isotérmica Mediada por Loop (LAMP)

O método LAMP é utilizado para a amplificação de ácidos nucleicos com uma especificidade e sensibilidade muito elevadas para diferenciar alterações de um único nucleótido (Parida *et al.*, 2008). Utiliza um conjunto de quatro primers concebidos especificamente para identificar o gene alvo em seis sequências diferentes, sendo também utilizada uma polimerase de ADN menos sensível aos inibidores (Paris *et al.*, 2007).

A amplificação do ADN na reação LAMP ocorre apenas quando todos os primers se ligam, formando assim um produto (Notomi *et al.*, 2000). A amplificação do ADN nesta reação envolve a precipitação de grandes quantidades de pirofosfato de magnésio branco (Mori *et al.*, 2001). A turvação resultante desta reação é proporcional à quantidade de ADN produzido. Consequentemente, é possível avaliar a reação em tempo real através da determinação da turvação ou por visualização a olho nu, permitindo uma melhor discriminação entre amostras negativas e positivas (Nkouawa *et al.*, 2009). O método LAMP pode sintetizar 20 pg do ADN alvo a partir de 25 pl de mistura de reação numa hora (Mori *et al.*, 2001). Além disso, algumas cópias de material genético podem ser amplificadas para 109 em menos de uma hora utilizando o ensaio LAMP. Para além dos rendimentos mais elevados, a técnica LAMP evita a utilização de termocicladores com ciclos longos de diferentes temperaturas, poupando assim o tempo consumido pelas mudanças térmicas. Esta técnica é
realizada em condições isotérmicas, resultando numa rápida amplificação do alvo.
Devido a estas condições isotérmicas, a amplificação do ADN por este método pode ser feita utilizando incubadoras simples (banho-maria ou aquecedor de bloco), com requisitos tão fáceis, a LAMP está simplesmente disponível para pequenos laboratórios, particularmente em regiões rurais endémicas (Notomi *et al.*, 2000). Devido à sua simplicidade, especificidade e sensibilidade, o LAMP é proposto como um método adequado para o diagnóstico de rotina da infeção ativa em seres humanos (Ai *et al.*, 2010).

A técnica LAMP foi adaptada por parasitologistas para detetar várias doenças parasitárias que envolvem parasitas humanos: *Plasmodium, Cryptosporidium, Trypanosoma, Entamoeba histolytica, Fasciola hepatica, Fasciola gigantica, Schistosoma, Taenia* e *Toxoplasma gondii,* bem como parasitas animais: *Babesia* e *Theileria* (Abbasi *et al.,* 2010; Ai *et al.,* 2010; Lau *et al.,* 2010; Poschl *et al.,* 2010; Wang *et al.,* 2010). Os mosquitos portadores dos parasitas *Plasmodium* e *Dirofilaria immitis* foram reconhecidos com esta técnica (Aonuma *et al.,* 2008; Aonuma *et al.,* 2009). Além disso, este método foi capaz de detetar o miracídio após o primeiro dia de exposição em caracóis, os hospedeiros intermediários do *Schistosoma* (Abbasi *et al.,* 2010; Kumagai *et al.,* 2010).

Ao comparar o LAMP com a PCR multiplex realizada em amostras de fezes de doentes com taeníase para a deteção diferencial de *Taenia*, o LAMP não apresentou resultados falsos positivos, mas revelou uma sensibilidade mais elevada (88,4%) do que a PCR multiplex (37,2%), indicando um elevado valor na deteção molecular da taeníase (Nkouawa *et al.,* 2010).

O método LAMP foi sugerido como tendo uma possível aplicação clínica para a deteção e diferenciação de espécies de *Fasciola*, principalmente em países endémicos.

Os resultados indicaram que o ensaio LAMP é quase dez vezes mais sensível do que os métodos específicos tradicionais, como a PCR, no diagnóstico de espécies de *Fasciola* (Ai *et al.,* 2010). De acordo com um estudo de Lau *et al.,* (2010), foi provável detetar *Toxoplasma gondii* no sangue humano utilizando LAMP com uma sensibilidade superior a 85%, que é superior ao valor estabelecido utilizando nested PCR (62,5%), com uma especificidade de 100% utilizando ambos os métodos.

Um estudo de Njiru *et al.* (2008) demonstrou que a reação LAMP pode ser realizada sem a necessidade de extrair ADN das amostras. No subgénero *Trypanosoma,* os autores encontraram uma sequência conservada no elemento móvel de inserção repetitiva (RIME), que é utilizada para criar primers para um teste LAMP altamente específico. Em 35 minutos, utilizando um simples banho de água, o RIME LAMP foi capaz de detetar *Trypanosoma brucei rhodesiense* e *Trypanosoma brucei gambiense* diretamente a partir de soro, sangue e líquido cefalorraquidiano (LCR). Verificou-se que o RIME LAMP é muito mais sensível do que a PCR no diagnóstico das espécies de *Trypanosoma* supramencionadas. No entanto, foram concebidos outros testes LAMP modificados para responder a necessidades de deteção específicas (Matovu *et al.* 2010). Por exemplo, foi desenvolvida uma técnica LAMP multiplex (mLAMP) para detetar concomitantemente *Babesia bovis* e *Babesia bigemina* em ADN extraído de sangue bovino em papel de filtro (Iseki *et al.*, 2007). Do mesmo modo, foi aplicado um ensaio LAMP baseado no gene *18S* rRNA para a descoberta de quatro espécies humanas de *Plasmodium,* incluindo: *malariae, falciparum, vivax* e *ovale,* sem reatividade cruzada do ADN. Em comparação com a PCR aninhada, o LAMP apresentou a mesma sensibilidade, maior especificidade e um tempo de resposta mais rápido (Han *et al.*, 2007).

2.5.2.2.4. ADN polimórfico amplificado aleatório (RAPD)

O ADN polimórfico amplificado aleatório (RAPD), também conhecido como PCR com priming arbitrário (AP-PCR), tem sido amplamente utilizado para a descrição de estirpes em estudos epidemiológicos e para delinear estirpes de microrganismos (Monis e Andrews, 1998). A RAPD é uma técnica muito simples, rápida e económica que não necessita de conhecimentos prévios da sequência de ADN nem de hibridação de ADN (Nuchprayoon *et al.*, 2007; Alimoradi *et al.*, 2009). Geralmente, esta técnica utiliza primers de dez bases na PCR com baixa seletividade. Estes primers ligam-se a muitas posições homólogas no genoma para produzir um número significativo de fragmentos de ADN através das amplificações subsequentes (Lupchinski *et al.*, 2006). Assim, as amplificações aleatórias do genoma são efectuadas pela técnica RAPD em comparação com outras técnicas de genotipagem. Em seguida, os fragmentos são separados por eletroforese em gel e o padrão de bandas resultante é utilizado para a caraterização genómica (Monis e Andrews, 1998).

O método RAPD demonstrou ser altamente eficiente na diferenciação de perfis de amplificação e capaz de distinguir polimorfismos entre microrganismos (Jobet *et al.*, 1998; Martinez *et al.*, 2003). Além disso, os marcadores RAPD têm sido explorados para mapear genes para a caraterização de espécies, para induzir a variabilidade genética e detetar a estrutura genética de populações de diversos microrganismos. O RAPD é especificamente benéfico para investigar a estrutura genética das populações porque mostra polimorfismos nas regiões não codificantes do genoma (Jain *et al.*, 2010).

Estudos demonstraram que o método RAPD foi utilizado com êxito para diferenciar espécies de *Leishmania*, para além da sua utilização no estudo de polimorfismos de parasitas médicos, por exemplo, *Trypanosoma* e *Plasmodium* (Hajjaran *et al.*, 2004; Alimoradi *et al.*, 2009). Esta técnica também permitiu a diferenciação de estirpes endémicas de *Wuchereria bancrofti* em Myanmar, na Tailândia e noutros países asiáticos (Nuchprayoon *et al.*, 2007). Além disso, utilizando a mesma técnica, foi possível distinguir estirpes *de Leishmania donovani* no Sudão (Hamad *et al.*, 2010). Foi possível genotipar 112 isolados de *Echinococcus granulosus* em ovinos, caprinos, bovinos e camelos no Irão utilizando o ensaio RAPD (Sharbatkhori *et al.*, 2010). Do mesmo modo, esta técnica estudou a diversidade genética de *Taenia solium* em suínos no México central (Bobes *et al.*, 2010).

2.5.2.2.5. Polimorfismo de Comprimento de Fragmentos de Restrição (RFLP)

A técnica do polimorfismo de comprimento de fragmentos de restrição (RFLP) é um dos métodos moleculares mais utilizados para o diagnóstico de espécies e genótipos de parasitas como o *Toxoplasma gondii* (Quan *et al.*, 2008). Esta técnica foi utilizada pela primeira vez para detetar variações ao nível do ADN. A reação de RFLP baseia-se na digestão dos produtos de PCR por enzimas de restrição ou endonucleases. Estas enzimas clivam o ADN em fragmentos de tamanhos particulares, cuja análise em gel de agarose ou poliacrilamida resulta em fragmentos de diferentes tamanhos e padrões, permitindo assim a sua deteção (Tavares *et al.*, 2011).

A técnica RFLP permite a deteção de múltiplos genótipos na mesma amostra; por conseguinte, é adequada para amostras ambientais (Monis e Andrews, 1998). O método RFLP foi utilizado para caraterizar uma variedade de *Cryptosporidium* spp. em crianças. Dos 77 casos positivos *de Cryptosporidium*, 34 foram identificados por RFLP como *C. hominis*, 25 como *C. parvum*, 5 como *C. meleagridis* e 4 como *C. hominis*. Além disso, este estudo reconheceu cinco casos de *Cryptosporidium* genótipo coelho (um agente patogénico humano recentemente identificado), três casos de *Cryptosporidium* genótipo cervídeo (ou seja, ovino) e um caso de *C. canis* (Molloy *et al.*, 2010). Além disso, esta técnica também foi utilizada para diferenciar parasitas animais, como as espécies de *Theileria* em ovinos, por exemplo, *Theileria ovis*, *Theileri lestoquardi* e *Theileria annulata* (Zaeemi *et al.*, 2011).

2.5.2.2.6. Microssatélites

Os microssatélites são sequências de DNA curtas (cerca de 300 pares de bases) compostas por repetições em tandem de um a seis nucleótidos, com aproximadamente cem repetições (Oliveira *et al.*, 2006). Os microssatélites são abundantes nos genomas eucariotas e podem sofrer mutações rápidas por perda ou ganho de unidades de repetição (Tavares *et al.*, 2011).

Os microssatélites podem ser utilizados numa vasta gama de aplicações porque revelam uma herança codominante, polimorfismo frequente, elevada reprodutibilidade e alta resolução, necessitam de métodos de tipagem simples e podem ser detectados por PCR (Oliveira *et al.*, 2006). Apesar da sua possível utilidade, os marcadores microssatélites foram estabelecidos apenas para alguns nemátodes parasitas, incluindo *nemátodes Trichostrongyloid* spp. (Temperley *et al.*, 2009). Esta técnica foi utilizada para examinar a variação genética de outros parasitas, como *Leishmania* spp. (Russell *et al.*, 1999), *Schistosoma japonicum* (Shrivastava *et al.*, 2005), *Trypanosoma cruzi* (Oliveira *et al.*, 1998) e *Plasmodium falciparum* (Su e Wellems, 1996). Em comparação com outros marcadores genéticos, os marcadores de microssatélites têm a vantagem de poderem detetar uma maior variação genética, como foi determinado em *Echinococcus multilocularis* (Nakao *et al.*, 2003). No entanto, o elevado número de microssatélites, que pode resultar em problemas técnicos no isolamento de parasitas por PCR, pode ser a razão por detrás da baixa popularidade destes marcadores genéticos (Johnson *et al.*, 2006; Temperley *et al.*, 2009).

Capítulo 3

Conclusões e recomendações

3.1. Conclusões:

1. Os parasitas constituem um grande grupo de organismos eucarióticos que podem causar doenças zoonóticas graves tanto nos seres humanos como nos animais.

2. As tecnologias moleculares são altamente eficazes e sensíveis para a deteção de infecções parasitárias.

3. As técnicas moleculares são aplicáveis para diferenciar as espécies de parasitas e adequadas para serem aplicadas em estudos epidemiológicos, diversidade genética e distribuição geográfica de doenças parasitárias. Além disso, revelam a suscetibilidade a infecções e potenciais mutações, bem como a associação entre hospedeiros e manifestações clínicas.

4. O custo elevado continua a ser um fator limitativo da utilização de técnicas moleculares na morfologia, caraterísticas genéticas e comportamento das doenças parasitárias.

3.2. Recomendações:

1- A descrição mais pormenorizada dos princípios e metodologias dos métodos moleculares torná-los-á um substituto fantástico das técnicas tradicionais.

2- A utilização de métodos de diagnóstico molecular em estudos imunológicos e microbiológicos para a deteção de outros agentes causadores (bactérias, vírus e fungos) é recomendada devido à sua maior especificidade e sensibilidade.

3- Tentar utilizar a técnica de Amplificação Isotérmica Mediada por Loop (LAMP) como uma ferramenta de rotina para a deteção de infecções parasitárias tanto em seres humanos como em animais, especialmente em regiões rurais.

Referências

* **Abbasi, I.; King, C. H.; Muchiri, E. M. e Hamburger, J. (2010).** Deteção de ADN de *Schistosoma mansoni* e *Schistosoma haematobium* por amplificação isotérmica mediada por laço: identificação de caracóis infectados a partir da prepotência precoce. Am. J. Trop. Med. Hyg., 83(2):427-432.

* **Addl, S. L.; Mittal, V.; Bhattacharya, D.; Rana, U.V. S. e Chhabra, M. (2005).** Zoonotic diseases of public health importance (Doenças zoonóticas de importância para a saúde pública). Sham. Nath. Marg, Delhi, Pp:1-116.

* **Ai, L.; Li, C.; Elsheikha, H. M.; Hong, S. J.; Chen, J. X.; Chen, S. H; Li, X.; Cai, X. Q.; Chen, M. X. e Zhu, X. Q. (2010).** Identificação rápida e diferenciação de *Fasciola hepatica* e *Fasciola gigantica* por um ensaio de amplificação isotérmica mediada por loop (LAMP). Vet. Parasitol, 174(3-4):228-233.

* **Alimoradi, S.; Hajjaran, H.; Mohebali, M. e Mansouri, F. (2009).** Identificação molecular de espécies *de Leishmania* isoladas da leishmaniose cutânea humana por RAPD-PCR. Iranian J. Publ. Health, 38(2):44- 50.

* **Allyne, G.A.; Acha, P.N. e Szyfres, B. (2003).** Zoonoses e Doenças Transmissíveis no Homem e nos Animais. 3rd Ed., Vol. (1 & 2). Organização Pan-Americana da Saúde, Scientific and Tech. Publicações, Washington, DC, Pp: 352.

* **Ambrosio, R. E. e Dewaal, D. T. (1990).** Diagnóstico de doenças parasitárias. Rev. sci. tech. Off. int. Epiz., 9 (3): 759-778.

* **Antinori, S.; Calattini, S.; Longhi, E.; Bestetti, G.; Piolini, R.; Magni, C.; Orlando, G.; Gramiccia, M.; Acquaviva, V.; Foschi, A.; Corvasce, S.; Colomba, C.; Titone, L.; Parravicini, C.; Cascio, A. e Corbellino, M. (2007).** Utilização clínica da reação em cadeia da polimerase realizada em amostras de sangue periférico e medula óssea para o diagnóstico e monitorização da *Leishmaniose* visceral em doentes infectados e não infectados pelo VIH: uma experiência de 8 anos num único centro em Itália e revisão da literatura. Clin. Infect. Dis.,

44(12):1602-1610.

- **Aonuma, H.; Suzuki, M.; Iseki, H.; Perera, N.; Nelson, B.; Igarashi, I.; Yag ,T.; Kanuka, H.; e Fukumoto, S. (2008).** Identificação rápida de *mosquitos portadores de Plasmadium* usando isotérmica mediada por loop amplificação. Biochem. Biophys. Res. Commun., 376(4): 671-676.

- **Aonuma, H.; Yoshimura, A.; Perera, N.; Shinzawa, N.; Bando, H.; Oshiro, S.; Nelson, B.; Fukumoto, S. e Kanuka, H. (2009).** Amplificação isotérmica mediada por laço aplicada à deteção de parasitas filariais nos mosquitos vectores: *Dirafilaria immitis* como modelo de estudo. Parasit. Vectores, 2:15.

- **Arnold, L. J.; Hammond, P.W.; Wiese, W. A. e Nelson, N. C. (1989).** Formatos de ensaio com sondas de ADN marcadas com éster de acridínio. Clin. Chem, 35: 1588-1594.

- **Baron, E. J. (2011).** Métodos convencionais versus métodos moleculares para a deteção de agentes patogénicos e o papel da microbiologia clínica no controlo de infecções. J. Clinic. Microbiol., 49 (9): S43.

- **Baydack, R. e Ens, C. (2015).** Giardiasis Reporting and Case Investigation, Saúde Pública e Controlo de Doenças Transmissíveis nos Cuidados de Saúde Primários. (Agência de Saúde Pública do Canadá. Giardia lamblia Pathogen Safety Data Sheet - Infectious Substances. Disponível em: http://www.phac- aspc.gc.ca/lab-bio/res/psds-ftss/giardia-lamblia-eng.php.

- **Beaver, P. C.; Jung, R. C. e Cupp, E. W. (1984).** Apêndice técnico. Em Clinical parasitology, 9th Ed., Lea and Febiger, Philadelphia, Pp: 733-764.

- **Behzadi, P.; Behzadi, E. e Ranjbar, R. (2014).** Fungos dermatófitos: Diagnóstico e tratamento de infecções. SMU Med. J.,1 (2):50

- **Bekele, T. (2013).** Diretrizes para o diagnóstico, tratamento e prevenção da leishmaniose na Etiópia. 2ª ed, Pp: 8-9.

- **Benbrook, E. A. e Sloss, M. W. (1961).** Exame fecal no diagnóstico de parasitismo. Em Veterinary clinical parasitology. Iowa State University Press, Ames, Iowa, Pp:1-107.

- **Benenson, A. S. (1990).** Control of Communicable Diseases in Man (Controlo das Doenças

Transmissíveis no Homem). Am. J. Epidemiol.,137(6): 685-687.

- **Berthonneau, J.; Rodier, M. H.; Moudni, B. e Jacquemin, J. L. (2000).** *Toxoplasma gondii:* Purificação e caraterização de uma metalopeptidase imunogénica. Exp. Parasitol, 95: 158-162.

- **Bobes, R. J.; Fragoso, G.; Reyes-Montes, M. R.; Duarte-Escalante, E.; Vega, R.; de Aluja, A. S.; Zuniga, G.; Morales, J.; Larralde, C. e Sciutto, E. (2010).** Diversidade genética de *cisticercos* de *Taenia solium* em suínos naturalmente infectados na região central do México. Vet. Parasitol.,168(1-2):130-135.

- **Bong, R. (2006).** Eletroforese em gel de campo pulsado para estudos comparativos da diversidade de bactérias. J. Exp. Microbiol. Immunol.,10: 50-55.

- **Breitbart, M. e Rohwer, F. (2005).** Aqui um vírus, ali um vírus, em todo o lado o mesmo vírus. Trends Microbiol., 1(6): 278-284.

- **Cobo, F. (2012).** Aplicação de técnicas de diagnóstico molecular para testes virais. Open Virol. J., 6: 104-114.

- **Costa, J. M.; Pautas, C.; Ernault, P.; Foulet, F.; Cordonnier, C. e Bretagne, S. (2000).** PCR em tempo real para diagnóstico e acompanhamento da reativação de *Toxoplasma* após transplante alogénico de células estaminais utilizando sondas de hibridação por transferência de energia por ressonância de fluorescência. J. Clin. Microbiol., 38(8): 2929-2932.

- **Costa, M. R.; Vieira, P. P.; Ferreira, C. O.; Lacerda, M. V.; Alecrim, W. D. e Alecrim, M. G. (2008).** Diagnóstico molecular da malária em um centro de atendimento terciário na região amazônica brasileira. Rev. Soc. Bras. Med. Trop., 41(4): 381-385.

- **Cowan, G. O. (2003).** Infecções por Rickettsias Em Manson's Tropical Diseases. Cook, G. C. e Zumla, A. (Edi.) 21st ed. Vol. 50. London Saunders Elsevier Science, Health Sciences Division, Pp:891-906.

- **Cristo, K.A.; Britto, C. e Fernandes, O. (2005).** Diagnóstico molecular da toxoplasmose. J. Bras Patol. Med. Lab., 41(4):229-235.

- **Dahal, R. e Kahn, L. (2014).** Doenças zoonóticas e uma abordagem de saúde. Epidemiol. Uma Revista de Acesso Aberto, 4 (2): 1000e115. [47]

- **Daszak, P.; Cunningham, A. A. e Hyatt, A. D. (2001).** Anthropogenic environmental change and the emergence of infectious diseases in wildlife. Ata Trop., 78:103-116.

- **de Siqueira, N.G.; de Siqueira, C. M.; Silva, R. R; Soares, M. D. e Povoa, M. M. (2013).** Equinococose policística no estado do Acre, Brasil: contribuição para o diagnóstico, tratamento e prognóstico do paciente. Mem. Inst. Oswaldo Cruz, 108 (5):1.

- **Dryden, M.W. (2010).** Técnicas de Exame Fecal, Parasitologia Diagnóstica. NAVC Clinician's Brief, 13-16.

- **Dubal, Z. B.; Barbuddhe, S. B. e Singh, N. P. (2014).** Doenças zoonóticas importantes: Prevenção e controlo. Boletim Técnico n.º 39. Complexo de Investigação do ICAR para Goa (Conselho Indiano de Investigação Agrícola), Old Goa- 403 402, Índia: 1-13

- **Dubie, T.; Terefe, G.; Asaye, M. e Sisay, T. (2014).** Toxoplasmose: Epidemiologia com ênfase na sua importância para a saúde pública. Merit Res. J. Med. Medic. Sci., 2(4): 97-108.

- **Durga, A. (2016).** Doenças zoonóticas mais comuns: Transmitidas dos animais para os seres humanos. Res. Rev. J. Zool. Sci., 2347-2294.

- **El-Tonsy, M. M. S. (2009).** Ciências Médicas - Introdução à parasitologia médica. Cairo, Egito, Pp :1-18.

- **Farcas, G. A.; Soeller, R.; Zhong, K.; Zahirieh, A. e Kain, K. C. (2006).** Ensaio de reação em cadeia da polimerase em tempo real para a deteção e caraterização rápidas da malária *Plasmodium falciparum* resistente à cloroquina em viajantes regressados. Clin. Infect. Dis., 42(5):622-627.

- **Fayer R. (2010).** Taxonomia e delineamento de espécies em Cryptosporidium. Exp Parasitol, 124:90-97.

- **Forbes, B. A.; Sham, D. F. e Weissfeld, A. S. (2002).** Nucleic acid based analytic methods for microbial identification and characterisation (Métodos analíticos baseados em ácidos nucleicos para identificação e caraterização microbiana). Bailey and Scott's Diagnostic Microbiology, 11th ed. Louis, MO: Mosby, Pp: 1069.

- **Fox, J. C.; Jordan, H. E.; Kocan, K. M.; George, T. J.; Mullins, S.T.; Barnett, C. E.; Glenni, B. L. e Cowell, R. L. (1986).** An overview of serological tests currently available for laboratory diagnosis of parasitic infections. Vet. Parasit., 20: 13-29.

- **Gahlaut, A.; Gothwal, A.; Chhillar, A. K. e Hooda, V. (2012).** Técnicas moleculares para laboratórios de microbiologia médica: abordagem futurista no diagnóstico de doenças infecciosas. Int. J. Pharm. Bio. Sci., 3(3): 938-947.

- **Gasser, R. B. (2006).** Ferramentas moleculares - avanços, oportunidades e perspectivas. Vet. Parasitol, 136(2):69-89.

- **Gontijo, C. M. e Melo, M. N. (2004).** Leishmaniose Visceral no Brasil: situação atual, desafios e perspectivas.Rev Bras Epidemiol., 7(3):338-349.

- **Guy, R. A.; Xiao, C. e Horgen, P. A. (2004).** Ensaio de PCR em tempo real para deteção e diferenciação genotípica de *Giardia lamblia* em amostras de fezes. J. Clin. Microbiol, 42(7):3317-3320.

- **Hajjaran, H.; Mohebali, M.; Razavi, M. R.; Rezaei, S.; Kazemi, B. e Edrissian, G. H. (2004).** Identificação de espécies *de Leishmania* isoladas de leishmaniose cutânea humana, utilizando ADN polimórfico amplificado aleatório (RAPD-PCR). Irian J. Publ. Health, 33(4):8-15.

- **Hamad, S. H.; Khalil, E. A.; Musa, A. M.; Ibrahim, M. E.; Younis, B. M.; Elfaki, M. E.; El-Hassan, A.M. e Grupo de Investigação da Leishmaniose, Sudão. (2010).** *Leishmania donovani:* diversidade genética de isolados do Sudão caracterizada por RAPD baseado em PCR. Exp. Parasitol, 125(4):389-393.

- **Han, E. T.; Watanabe, R.; Sattabongkot, J.; Khuntirat, B.; Sirichaisinthop, J.; Iriko, H.; Jin, L.; Takeo, S. e Tsuboi, T. (2007).** Deteção de quatro espécies de *Plasmodium* por amplificação isotérmica mediada por laço específica do género e da espécie para diagnóstico clínico. J. Clin. Microbiol, 45(8):2521-2528.

- **Hanscheid, T. (1999).** Diagnóstico da malária: uma revisão das alternativas à microscopia convencional. Clin. Lab. Haematol, 21(4):235-245.

- **Heidari, A. A. (2016).** Estudo termodinâmico sobre hidratação e desidratação de complexos DNA e RNA-anfifílicos. J Bioeng. Biomed. Sci., S:006.

- **Hernandez, C. e Ramirez, J.D. (2013).** Diagnóstico molecular de doenças parasitárias transmitidas por vetores. Doenças transmitidas pelo ar e pela água, 2:110.

- **Heymann, D. L. (2008).** Giardíase (Giardia enteritis), In: Manual de Controlo das Doenças Transmissíveis. 19th Ed., Associação Americana de Saúde Pública, Washington, Pp: 258-260.

- **Higuchi, R.; Fockler, C.; Dollinger, G. e Watson, R. (1993).** Análise cinética de PCR: monitorização em tempo real de reacções de amplificação de ADN. Biotechnol.,11:1026-1030.

- **Huang, D. B. e White, A. C. (2006).** Uma revisão actualizada sobre Cryptosporidium e Giardia. Gastroenterol. Clin. N. Am., 35: 291-314.

- **Iseki, H.; Alhassan, A.; Ohta, N.; Thekisoe, O. M.; Yokoyama, N.; Inoue, N.; Nambota, A. ; Yasuda, J. e Igarashi, I. (2007).** Desenvolvimento de um método de amplificação isotérmica mediada por alça multiplex (mLAMP) para a deteção simultânea de parasitas *Babesia* bovinos. J. Microbiol. Meth., 71(3):281-287.

- **Jaffry, K. T.; Ali, S.; Rasool, A.; Raza, A. e Gill, Z. J. (2009).** Zoonoses. Internat. J. Agricul. Biol., 60:2.

- **Jain, S. K.; Neekhra, B.; Pandey, D. e Jain, K. (2010).** Sistema de marcadores RAPD no estudo de insectos: uma revisão. Indian J. Biotechnol, 9(1):7-12.

- **Jardim. E. A.; Linhares, G. F.; Torres, F. A.; Araujo, J. L. e Barbosa, S. M. (2006).** Diferenciagao especifica entre Taenia saginatae Taenia solium por ensaio de PCR e duplex-PCR. Cienc Rural., 36(1):166-172.

- **Jobet, E.; Bougnoux, M. E.; Morand, S.; Rivault, C.; Cloarec, A. e Hugot, J. P. (1998).** Utilização de DNA polimórfico amplificado ao acaso (RAPD) para gerar sondas de DNA específicas para espécies de oxiuróides (Nematoda). Parasite, 5(1):47-50.

- **Johnson, P. C.; Webster, L. M.; Adam, A.; Buckland, R.; Dawson, D. A. e Keller, L. F. (2006).** Variação abundante em microssatélites do nemátodo parasita *Trichostrongylus tenuis* e ligação a uma repetição em tandem. Mol. Biochem. Parasitol, 148(2):210-218.

- **Karesh, W. B.; Dobson, A.; LloydSmith, J. O.; Lubroth, J.; Dixon, M. A.; Bennett, M.; Aldrich, S.; Harrington, T.; Formenty, P.; Loh, E. H.; Machalaba, C. C.; Thomas, M. J. e Heymann, D. L. (2012).** Ecologia das zoonoses: histórias naturais e não naturais. Lancet, 380:1936-1945.

- **Katare, M. e Kumar, M. (2010).** Emerging Zoonoses and their Determinants (Zoonoses emergentes e seus factores determinantes). Vet World, 3(10):481-484.

- **Krebs, J. W.; Strine, T. W. e Childs, J. E. (1993).** Rabies surveillance in the United states during 1992. J. American Vet. Med. Assoc., 203: 17181731.

- **Kumagai, T.; Furushima-Shimogawara, R.; Ohmae, H.; Wang, T. P.; Lu, S.; Chen, R.; Wen, L. e Ohta, N. (2010).** Deteção de infecções precoces e únicas de *Schistosoma japonicum* no caracol hospedeiro intermediário, *Oncomelania hupensis,* por PCR e ensaio de amplificação isotérmica mediada por loop (LAMP). Am. J. Trop. Med. Hyg., 83(3):542-548.

- **Larrieu, E., Mercapide, C. e Del Carpio, M. (1999).** Avaliação das perdas produzidas pela hidatidose e análise custo-benefício de diferentes intervenções estratégicas de controlo na província de Rio Negro, Argentina. Boletin Chileno de Parasitologia, 55 (1/2): 8-13.

- **Lau, Y. L.; Meganathan, P.; Sonaimuthu, P.; Thiruvengadam, G.; Nissapatorn, V. e Chen, Y. (2010).** Diagnóstico específico, sensível e rápido da Toxoplasmose ativa através de um método de amplificação isotérmica mediada por loop utilizando amostras de sangue de doentes. J. Clin. Microbiol, 48(10):3698-3702.

- **Levine N.D. (1985).** Diagnóstico laboratorial de infecções por protozoários. In: Levine ND, editor. Veterinary Protozoology. Ames, IA: Iowa State University Press, Pp: 365-386.

- **Lin, M. H.; Chen, T. C.; Kuo, T. T.; Tseng, C. C. e Tseng, C. P. (2000).** PCR em tempo real para a deteção quantitativa de *Toxoplasma gondii.* J. Clin. Microbiol, 38(11):4121-4125.

- **Lupchinski, J. R.; Vargas, E.; Ribeiro, L.; Moreira, R. P.; Valentim, H. L. M.; Povh, M. e J.A. (2006).** A importância do uso da técnica de RAPD para a identificação de dactylogyridae em Tilápia do Nilo (Oreochromis niloticus). Arq. cien. vet. zool. UNIPAR, Umuarama, 9(1): 49-57.

- **Mahajan, S.K. (2012).** Doenças Rickettsiais. JAPI., 60:37-43.

- **Mahoney, D. F. e Saal, J. R. (1961).** Bovine babesiosis: thick blood films for the detection of parasitaemia. Aust. vet. J., 37: 44-47.

- **Malhotra, S.; Sharma, S.; Bhatia, N. J.; Kumar, P. e Hans, C. (2014).** Métodos moleculares em microbiologia e sua aplicação clínica. Mol. Genet. Med., 8: 4.

- **Mandal, S. e Mandal, M.D. (2012).** Equinococose cística humana: aspectos epidemiológicos, zoonóticos, clínicos, diagnósticos e terapêuticos. Asian Pacific J. Tropi. Med., 5(4): 253-260.

- **Mandell, G. L.; Bennett, J. E. e Dolin, R. (2010).** Protozoal Diseases. Princípios e Prática das Doenças Infecciosas. 7th Ed. David R. Hill e Thedor E. Nash. Impresso nos Estados Unidos, Filadélfia, Pp:3527.

- **Martinez, E. M.; Correia, J. A.; Villela, E. V.; Duarte, A. N.; Ferreira, L. F. e Bello, A. R. (2003).** Análise de DNA polimórfico amplificado ao acaso de DNA extraído de ovos de *Trichuris trichiura* (Linnaeus, 1771) e sua aplicação prospetiva em estudos paleoparasitológicos. Mem. Inst. Oswaldo Cruz Rio de Janeiro, 98(1):59-62.

- **Matovu, E.; Kuepfer, I.; Boobo, A.; Kibona, S. e Burri, C. (2010).** Deteção comparativa de ADN tripanossómico por amplificação isotérmica mediada por laço e PCR a partir de cartões associados à tecnologia Flinders manchados com sangue de pacientes. J. Clin. Microbiol, 48(6):2087-2090.

- **Molloy, S.F.; Smith, H.V.; Kirwan, P.; Nichols, R.A.; Asaolu, S.O.; Connelly L. e Holland, C.V. (2010).** Identificação de uma elevada diversidade de genótipos e subtipos de espécies de Cryptosporidium numa população pediátrica na Nigéria. Am J Trop Med Hyg., 82(4):608-613.

- **Monis, P. T. e Andrews, R. H. (1998).** Molecular epidemiology: assumptions and limitations of commonly applied methods. Int. J. Parasitol, 28(6):981-987.

- **Monis, P. T.; Giglio, S. e Saint, C. P. (2005).** Comparação de SYTO9 e SYBR Green I para a reação em cadeia da polimerase em tempo real e investigação do efeito da concentração do corante na amplificação e análise da curva de fusão do ADN. Anal. Biochem, 340:24-34.

- **Mori, Y.; Nagamine, K.; Tomita, N. e Notomi, T. (2001).** Deteção de reação de amplificação isotérmica mediada por loop por turbidez derivada da formação de pirofosfato de magnésio. Biochem. Biophys. Res. Commun., 289(1):150-154.

- **Moriarty, B.; Hay, R. e Morris-Jones, R. (2012).** O diagnóstico e a gestão da tinea. BMJ., 345(7865):37-42.

- **Nakao, M.; Sako, Y. e Ito, A. (2003).** Isolamento de loci de microssatélites polimórficos da ténia *Echinococcus multilocularis.* Infect. Genet. Evol., 3: 159-163.

- **Ndao, M. (2009).** Diagnóstico de doenças parasitárias: abordagens antigas e novas. Interdiscip. Perspect. Infect Dis., 2009:1-15.

- **Njiru, Z. K.; Mikosza, A. S.; Matovu, E.; Enyaru, J. C.; Ouma, J. O.; Kibona, S. N.; Thompson, R.C.A. e Ndung'u, J. M. (2008).** Tripanossomíase africana: deteção sensível e rápida do subgénero *trypanozoon*

  por amplificação isotérmica mediada por laço (LAMP) do ADN do parasita. Int. J. Parasitol, 38(5):589-599.

- **Nkouawa, A.; Sako, Y.; Nakao, M.; Nakaya, K. e Ito, A. (2009).** Método de amplificação isotérmica mediada por laço para diferenciação e deteção rápida de espécies de *Taenia*. J. Clin. Microbiol, 47(1):168-174.

- **Nkouawa, A.; Sako, Y.; Li, T.; Chen, X.; Wandra, T.; Swastika, I. K.; Nakao, M.; Yanagida, T.; Nakaya, K.; Qiu, D. e Ito, A. (2010).** Avaliação de um método de amplificação isotérmica mediada por laço utilizando amostras fecais para a deteção diferencial de espécies de *Taenia* em seres humanos. J. Clin. Microbiol, 48(9):3350-3352.

- **Nolte, F. S. e Caliendo, A.M. (2003).** Manual de Microbiologia Clínica (8th ed). Murray *et al.* (ed.), Vol. 17. ASM Press, EUA, Pp: 234-256.

- **Notomi, T.; Okayama, H.; Masubuchi, H.; Yonekawa, T.; Watanabe, K.; Amino, N. e Hase, T. (2000).** Amplificação isotérmica de DNA mediada por loop. Nucleic Acids Res., 28(12): e63.

- **Nuchprayoon, S.; Junpee, A. e Poovorawan, Y. (2007).** Random Amplified Polymorphic DNA (RAPD) para diferenciação entre estirpes tailandesas e de Myanmar de *Wuchereria bancrofti*. Filaria J., 6:6.

* **Oliveira, R. P.; Broude, N. E.; Macedo, A. M.; Cantor, C. R.; Smith, C. L. e Pena, S. D. (1998).** Sondagem da estrutura genética populacional do *Trypanosoma cruzi* com microssatélites polimórficos. Proc. Natl. Acad. Sci, 95: 3776-3780.

* **Oliveira, E. J.; Pádua, J. G.; Zucchi, M. I.; Vencovsky, R. e Vieira, M. L. (2006).** Evolução da origem e distribuição genómica de microssatélites. Genet. Mol. Biol., 29(2): 294-307.

* **Ortega, Y. R. e Adam, R. D. (1997).** *Giardia:* Overview and Update. Clin. Infect. Dis., 25: 545-550.

* **Parida, M.; Sannarangaiah, S.; Dash, P. K.; Rao, P. V. e Morita, K. (2008).** Amplificação isotérmica mediada por loop (LAMP): uma nova geração de técnicas inovadoras de amplificação de genes; perspectivas no diagnóstico clínico de doenças infecciosas. Rev. Med. Virol., 18(6):407-421.

* **Paris, D. H.; Imwong, M.; Faiz, A. M.; Hasan, M.; Yunus, E. B.; Silamut, K.; Lee, S. J.; Day, N. P. e Dondorp, A. M. (2007).** PCR isotérmica mediada por loop (LAMP) para o diagnóstico da malária falciparum. Am. J. Trop. Med. Hyg., 77(5): 972-976.

* **Periago, M. R. (2003).** Zoonoses e doenças transmissíveis comuns ao homem e aos animais. 3rd ed. Volume III Parasitoses. Organização Pan-Americana da Saúde, Repartição Sanitária Pan-Americana, Escritório Regional da Organização Mundial da Saúde, Washington, D.C., E.U.A., Pp: 112.

* **Peters P. A.; Mahmoud, A. A.; Warren, K. S.; Ouma, J. H. e Soingo, T. K. (1976).** Estudos de campo de um meio rápido e exato de quantificação de ovos de Schistosoma haematobium em amostras de urina. Bull. QUE, 54: 159-162.

* **Pickering, L.K.; Baker, C.J.; Kimberlin, D.W. e Long, S.S. (2012).** *Giardia intestinalis* (anteriormente *Giardia lamblia* e *Giardia duodenalis)* Infecções (Giardíase). Em: Redbook 2012 Relatório do Comité de Doenças Infecciosas. 2nd ed., Elk Grove Village, IL: Academia Americana de Pediatria, Pp: 333-335.

* **Poschl, B.; Waneesorn, J.; Thekisoe, O.; Chutipongvivate, S. e Karanis, P. (2010).** Diagnóstico comparativo de infecções de malária por microscopia, nested PCR e LAMP no

norte da Tailândia. Am. J. Trop. Med. Hyg., 83(1):56-60.

- **Quan, J. H.; Kim, T. Y.; Choi, I. U. e Lee, Y. H. (2008).** Genotipagem de um isolado coreano de *Toxoplasma gondii* por PCR-RFLP multilocus e análise de microssatélites. Korean J. Parasitol, 46(2):105-108.

- **Radostitis, O.M., Blood, D.C e Gray, C.C. (2006).** A text book of the disease of cattle, sheep, pigs and horses, 8th ed. W.B. Saunders, Londres, Pp: 1518-1522.

- **Ravikant; Gupte, S. e kaur, M. (2016).** Relevância clínica da microbiologia molecular. J. Human Virol. Retrovirol., 3(5): 00107.

- **Reinecke, R. K. (1984).** Identificação de helmintos em ruminantes aquando da necropsia. J. Afr. Vet. Ass., 55: 135-143.

- **Rogers,K.(2016).**Parasiticdisease.Britannica.https://www.britannica.com/scie nce/parasitic-disease.

- **Ross, F.C. (1983).** Food and dairy microbiology, Introductory Microbiology. Columbo, Ohio. Charles E. Merril Publishing Co. Ohio, EUA, Pp: 519.

- **Rougemont, M.; Van Saanen, M.; Sahli, R.; Hinrikson, H. P.; Bille, J. e Jaton, K. (2004).** Deteção de quatro espécies de *Plasmodium* no sangue de seres humanos através de ensaios de PCR em tempo real baseados na subunidade do gene 18S rRNA e específicos para cada espécie. J. Clin. Microbiol., 42(12): 5636-5643.

- **Russell, R.; Iribar, M. P.; Lambson, B.; Brewster, S.; Blackwell, J. M.; Dye, C. e Ajioka, J.W. (1999).** Variação intra e interespecífica de microssatélites no *subgénero Viannia de Leishmania.* Mol. Biochem. Parasitol, 103: 71-77.

- **Saah, A. J. (2000).** Orientia tsutsugamushi (Scrub Typhus). Em Mandell, G.L.; Bennet, J. E. e Doalin, R. (edr.). Principles and Practice of Infectious Diseases. 5th ed. Philadelphia: Churchill Livingstone, Pp: 2033-2036.

- **Saiki, R. K.; Gelfand, D. H.; Stoffel, S.; Scharf, S. J.; Higuchi, R.; Horn, G.T.; Mullis, K.B. e Erlich, H.A. (1988).** Amplificação enzimática de ADN dirigida por iniciadores com uma polimerase de ADN termoestável. Sci, 239; 487491.

* **Samad, M. A. (2011)**. Ameaça à saúde pública causada por doenças zoonóticas no Bangladesh. Bangladesh J. Vet. Med., 9: 95-120.

* **Sarwar, M. (2015)**. Vectores de insectos envolvidos na transmissão mecânica de agentes patogénicos humanos para doenças graves. Inter. J. Bioinform. Biomed. Engin., 1(3): 300-306.

* **Schnurrenberger, P.R. e Hubbert, W.T. (1981)**. An Outline of the Zoonoses, Iowa State University Press, Ames, Pp: 1-157.

* **Sharbatkhori, M.; Mirhendi, H.; Harandi, M. F.; Rezaeian, M.; Mohebali, M.; Eshraghian, M.; Rahimi, H. e Kia, E. B. (2010)**. Genótipos de *Echinococcus granulosus* em gado do Irão, indicando uma elevada frequência do genótipo G1 em camelos. Exp. Parasitol, 124(4):373-379.

* **Shokoples, S. E.; Ndao, M.; Kowalewska-Grochowska, K. e Yanow, S. K. (2009)**. Ensaio de PCR em tempo real multiplexado para discriminação de espécies de *Plasmodium* com sensibilidade melhorada para infecções mistas. J. Clin. Microbiol, 47(4):975-980.

* **Shrivastava, J.; Qian, B. Z.; Mcvean, G. e Webster, J. P. (2005)**. Uma visão da variação genética do *Schistosoma japonicum* na China continental utilizando marcadores de microssatélites de ADN. Mol. Ecol., 14: 839-849.

* **Steele, J. H. (1980)**. Human tuberculosis in animals. CRC Handbook Series in Zoonoses. Secção A. Doenças Bacterianas, Rickettsiais e Micóticas. Vol. 2, Steele, J. H. (ed.). CRC Press Inc. Boca Raton, Florida, Pp: 141-159.

* **Su, X. e Wellems, T. E. (1996)**. Toward a high-resolution *Plasmodium falciparum* linkage map: polymorphic markers from hundreds of simple sequence repeats. Genome, 33: 430-444.

* **Szabo, J. R.; Pang, V. e Shadduck, J. A. (1984)**. Encefalitozoonose. Em Microbiologia clínica e doenças infecciosas do cão e do gato. Greene, C. E. ed. W.B. Saunders, Philadelphia, Pp: 99-108.

* **Talmi-Frank, D.; Nasereddin, A.; Schnur, L. F.; Schonian, G.; Toz, S. O.; Jaffe, C. L.; e Baneth, G. (2010)**. Deteção e identificação de *Leishmania* do velho mundo por análise de fusão de alta resolução. PLoS Negl. Trop. Dis., 4(1): e581.

* **Tang, Y. W.; Procop, G. W. e Persing, D. H. (1997)**. Molecular diagnostics of infectious diseases (Diagnóstico molecular de doenças infecciosas). Clin. Chem., 43(11): 2021-2038.

- **Tavares, R. G.; Staggemeier, R.; Borges, A. L.; Rodrigues, M. T.; Castelan, L. A.; Vasconcelos, J.; Anschau, M. E. e Spalding, S. M. (2011)**. Técnicas moleculares para o estudo e diagnóstico da infeção parasitária. J. Venom. Anim. Toxins incl. Trop. Dis., 17(3): 239-248.

- **Taylor, L. H.; Latham, S. M. e Woolhouse, M. E. (2001)**. Risk factors for human disease emergence (Factores de risco para a emergência de doenças humanas). Philos. Trans. R. Soc. B., 356: 983-989.

- **Temperley, N. D.; Webster, L. M.; Adam, A.; Keller, L. F. e Johnson, P. C. (2009)**. Utilidade inter-espécies de marcadores de microssatélites em *nemátodos Trichostrongyloid*. J. Parasitol, 95(2):487-489.

- **Torgerson, P.R. e Budke, C.M. (2003)**. Echinococcosis - an international public health challenge. Res. Vet. Sci., 74(3): 191-202.

- **Van Embden, J. D.; Cave, M. D.; Crawford, J. T.; Dale, J. W.; Eisenach, K. D.; Gicquel, B.; Hermans, P.; Martin, C.; McAdam, R. e Shinnick, T.M. (1993)**. Identificação de estirpes de Mycobacterium tuberculosis por impressão digital de ADN: recomendações para uma metodologia normalizada. J. Clin. Microbiol., 31(2): 406-409.

- **Visser, I. J. R. (1991)**. Salmonelose cutânea em veterinários. Vet. Rec., 129: 364.

- **Wang, Y. F. (2006)**. Técnicas de Amplificação de Sinais: bDNA, Captura Híbrida. Em: Técnicas Avançadas em Microbiologia de Diagnóstico, Tang, Y.W. e Stratton, C.W. Springer, Boston, Pp: 228-242.

- **Wang, W.; Chen, K. e Xu, C. (2006)**. Quantificação de ADN utilizando EvaGreen e um instrumento de PCR em tempo real. Anal. Biochem, 356:303-305.

- **Wang, L. X.; He, L.; Fang, R.; Song, Q. Q.; Tu, P.; Jenkins, A.; Zhou, Y.Q e Zhao, J. L. (2010)**. Ensaio de amplificação isotérmica mediada por loop (LAMP) para deteção da infeção por *Theileria sergenti* visando o gene p33. Vet. Parasitol, 171(1-2):159-162.

- **Weiland, G. (1988)**. Serology and immunodiagnostic methods, In Parasitology in focus. Mehlhorn, H. (ed), Springer-Verlag, Nova Iorque, Pp:924.

- **Wittwer, C. T.; Reed, G. H.; Gundry, C. N.; Vandersteen, J. G. e Pryor, R. J. (2003).** Genotipagem de alta resolução por análise de fusão de amplicons utilizando LCGreen. Clin. Chem, 49:853-860.

- **Wiwanitkit, V. (2015).** Doenças zoonóticas emergentes: pode ser o caso de bioterrorismo. J. Bioterr. Biodef., S14: e101.

- **Woolhouse, M.; Scott, F.; Hudson, Z.; Howey, R. e Chase-Topping, M. (2012).** Vírus humanos: descoberta e emergência. Philos. Trans. R. Soc. Lond. B. Biol. Sci., 367(1604): 2864-2871.

- **Yason, J. A. e Rivera, W. L. (2007).** Genotipagem de *Giardia duodenalis* isolados entre residentes de uma zona de favelas em Manila, Filipinas. Parasitol. Res, 101:681-687.

- **Zaeemi, M.; Haddadzadeh, H.; Khazraiinia, P.; Kazemi, B. e Bandehpour, M. (2011).** Identificação de diferentes espécies de *Theileria (Theileria lestoquardi, Theileria ovis* e *Theileria annulata)* em ovinos naturalmente infectados utilizando PCR-RFLP aninhado. Parasitol. Res., 108(4):837-843.

- **Zaman, V. (2005).** Life Sciences for the Non-scientist.2nd Ed. Londres, British Library. World Scientific Publishing Ltd. Pp: 91.